合众 科学译丛

神秘的阿列夫

—— 数学、犹太神秘主义教派以及对无穷的探寻

THE MYSTERY OF THE ALEPH

Mathematics, the Kabbalah, and the Search for Infinity

[美] 阿米尔·艾克塞尔 著　左 平 译

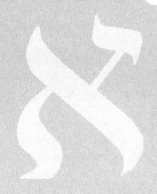

上海科学技术文献出版社
Shanghai Scientific and Technological Literature Press

图书在版编目（CIP）数据

神秘的阿列夫：数学、犹太神秘主义教派以及对无穷的探寻 /（美）艾克塞尔著；左平译．—上海：上海科学技术文献出版社，2016.6
（合众科学译丛）
书名原文：THE MYSTERY OF THE ALEPH: Mathematics, the Kabbalah, and the Search for Infinity
ISBN 978-7-5439-7004-5

Ⅰ．①神… Ⅱ．①艾…②左… Ⅲ．①无穷级数—普及读物 Ⅳ．①O173-49

中国版本图书馆 CIP 数据核字（2016）第 057278 号

图字：09-2015-634

责任编辑：李　莺
封面设计：许　菲

丛书名：合众科学译丛
书　名：神秘的阿列夫——数学、犹太神秘主义教派以及对无穷的探寻
[美]阿米尔・艾克塞尔　著　左　平　译
出版发行：上海科学技术文献出版社
地　　址：上海市长乐路 746 号
邮政编码：200040
经　　销：全国新华书店
印　　刷：常熟市人民印刷有限公司
开　　本：650×900　1/16
印　　张：11.5
字　　数：133 000
版　　次：2016 年 7 月第 1 版　2019 年 1 月第 2 次印刷
书　　号：ISBN 978-7-5439-7004-5
定　　价：25.00 元
http://www.sstlp.com

献给 6 岁的米略姆（Miriam），他已能理解 χ_0 与连续统的势之间的某些差别。

目　录

1. 德国工业城市哈雷

1918 年 1 月 6 日，一位憔悴虚弱的老人因心脏衰竭在德国工业城市哈雷的一所大学精神病院去世。他的遗体安静地经过市区被运送到墓地，接着举行了小型葬礼。只有少数人参加了这一路德教葬礼，其中有他的妻子和遗下的 5 个孩子。

墓地已不再存在；那里为建私人住宅已被夷为平地。但有人把墓碑保存下来了，并且几年后在哈雷另找地方建起一个没有遗体的墓地，竖立起原来的墓碑，我们现在见到的就是它。墓碑上所刻碑文是：

乔治·康托　博士

数学教授

1845.3.3—1918.1.6

在去世前，乔治·康托在哈雷精神病院（Halle Nervenklinik）治疗了 7 个月。但这不是他第一次住院。乔治·康托曾经在此医院治疗、休养、读书有好几次。在 1891 年该院建立前，他的精神已有问题若干年了。

1869 年乔治·康托在柏林大学获得数学博士学位，在该大学他在当时一些最伟大的数学家的指导下学习，并被很多重要的数学思想吸引。他渴望能把自己的才智用在发展数学分析领域里的新理论上。24 岁的他为获得一个德国大学的教师职位而努力，希望这将使他有更多的时间继续他的研究。但提供给他的只是哈雷大学的职位，哈雷位于柏林西南约 113 千米处。

哈雷是一座有着迷人的中世纪鹅卵石街道的古老城市。它作为塞勒（Saale）河上的盐业中心建立于 10 世纪中叶。这个城市经历了世界大战的洗礼，有许多古建筑挺立在市中心，在市中心人们悠闲地购物或乘坐机动车来喝咖啡。哈雷也叫做五塔市。一座中世纪大厦的 4 个塔尖傲视着市中心其他的低矮建筑，附近耸立着第五座塔，这是 1418 年的红塔，是为纪念市民反对统治者的压迫，争取自由的斗争的一座建筑物。

1685 年，作曲家乔治·弗里德里希·汉德尔（Georg Friedrich Handel）诞生在哈雷的一所房子里，这所房子里最古老的墙是 12 世纪的。汉德尔在这所房里生活了将近 18 年。这所房子是现在仍能参观的展示这位作曲家生活的博览会。哈雷市一直是一座音乐会、歌剧和歌舞之城。

可以说，哈雷对于康托应该是有某些吸引力的，因为他父母双方的家庭成员中有些是很有天赋的音乐家。他们中的某些人在故乡俄罗斯已很有名望。但康托对哈雷的这种魅力并不很感兴趣。他来自一个移民的家庭——从古代亚平宁（Ibrian）半岛经丹麦和俄罗斯，这个家庭对年青的康托期望很高。特别是他的父亲全年都给康托寄信，敦促他在学校要做得更好，不要辜负家庭的巨大期望。

哈雷在两座伟大的大学城之间：柏林在东北而哥廷根在西边。19 世纪末，柏林大学在数学方面是世界上最好的，而柏林是全欧洲最活跃最令人激动的城市之一，哥廷根则是另一个科学的焦点。像哈雷一样，哥廷根也是一座古老的中世纪城市。市中心的许多房子装饰着以前住过的著名人物名字的小匾，这些人物有诗人海涅、化学家本森（Bunsen)、天文学家奥伯斯（Olbers）等等，他们当中最著名的是 C.F. 高斯（Carl Friedrich Gauss，1777—1855），他是那个时代无可争议的最伟大的数学家。哈雷同时受到柏林和哥廷根的影响和推动。

但康托一直住在哈雷，等待着从未到来的邀请。多年来，只要在柏林或哥廷根有公开需要的数学工作职位，他都抱着很大希望，每当他没有获得这种职位时，他都会感到愤愤不平。他有强烈的个人欲望和疯狂的特性。这种态度使他在一生中树立了不少敌人，失去了许多朋友。对照他与其他数学家的状态，他与他的家庭成员有着亲密的关系。在与同事们交谈时他总是处于主导地位，但在家中，他则充当一个较为轻松的角色，他让妻子和孩子更接近他并引导启发在餐桌上的交谈。每次餐毕他总是问妻子："你今天和我在一起过得愉快吗？你爱我吗？"

康托的学术生涯是从当私人讲师开始的，那也是当时进入德国的大学做研究的入门式的工作。经少许几年的努力工作，他被提升为副教授，不久成为一位数学教授。但是在他的最多产的时期中，发生了某件奇怪的事情，他暂时终止了他的工作。1884 年夏，康托受到深深压抑感的打击。这年从 5 月到 6 月他完全处于停顿状态——不能工作或做任何事。他的情况使他的妻子和孩子们苦恼，使他的同事们感到遗憾，他们知道他是热切渴望攀登绝顶的数学家。然而，没有经过任何的医治或专业帮助，康托克服了他的疾病并恢复了正常生活。此后，他给他的挚友，瑞典数学家 G. 米塔-莱夫勒（Gosta Mittag-Leffler，1846—1927）写了一封信，信中描述了他的疾病并提到患精神疾患前他一直在研究"连续统问题"。

在随后的 1885 年，康托为他的家庭建起一座华丽的住宅，坐

大约 1900 年哈雷市的一个市场

［摄影：德国人穆勒（Moeller）；汉斯·格洛特（Hanns H.Grote）提供］

落在以哈雷的大作曲家之名汉德尔雀塞（Handelstrasse）命名的一条街道上。这房子现仍属于康托的孙子所有。这是一座 2 层楼房，有较高的屋顶和很大的窗户。乔治·康托的父亲，一位商人兼股票经纪人，去世后留给其后代几千万马克。这些遗产的一部分建起了这座新房和购置了家具，使康托一家过得很舒适。如今，汉德尔雀塞街是一条宁静的林荫道，街两旁有许多富丽堂皇的住宅，这些房子距大学和咖啡厅、餐馆以及文化机构都只有十几分钟的步行路程。但是，在这个新家，康托与他的家人一起没住多久，尚没有很好地享用这新住宅，不久，他的病再次复发。发病前他一直在研究连续统问题。

哈雷大学有一个非常好的心理病学系。康托能得到那时最好的治疗——并且是免费的，因为他是大学教授。他的大学和柏林的文化部授权作出这样的决定，即要慷慨地保证康托可以从教学岗位反复离开。但他进医院的次数随着时光流去变得更加频繁。柏林的普鲁士国家档案馆里保存有一封文化部致法国财政部的信，日期标为 1902 年 8 月 29 日。在此信中，文化部要求一笔 6 600 马克的资金，用来支持当康托教授病得太重时，哈雷大学为使教学得以顺利进行的数学教授替换协定。但康托再次康复并回到教学岗位。

下一年他再次发病，1904 年 9 月 17 日被送进精神病院，一直住到 1905 年 3 月 1 日。之后在那年的秋天，康托再次进入医院。

哈雷精神病院有 11 座大楼，这些大楼是由吸引人的黄色研磨砖构成的，周围有很长的围墙。建筑质量是如此的精良，即使现今看起来几乎仍与百年前建立时完全一样。主要大厦有一尖塔，说它是精神病院，倒不如说更像是一个军事司令部。内部的房间宽敞明亮，窗户很大并带有私人浴室。这不是限制那些穿紧身衣的疯子自

康托的住宅

［摄影：阿米尔·艾克塞尔（Amir D.Aczel）］

由的地方。它是——并且仍然是——一个富人们为了个人健康在此暂住几个月的医院，而这些人的家庭是能缴付房租、伙食和治疗费用的。乔治·康托，一位大学教授，被安排在一间有很好视野的单间里，并且可自由地继续他的研究。他的治疗主要是浸泡在热水澡盆里一段时间。

虽然他确实是在医院治疗中死去的，但人们不能对后来罗素（Bertrand Russell）所说的关于康托（参考康托已写的一封信）的话作出肯定的判断，即，读到他的信的人听到康托死在一个精神病院里的消息是不会感到惊讶的。

我们不知道康托所患病的确切状况。某些报告所说的症状像是双极紊乱或极度郁闷。但这精神疾病的原因现在逐渐被归结为遗传因素，而在康托的祖先中存在我们不知道的此病病例。

我们已经知道关于康托的病的一个事实。压抑感对他的攻击是与这样一个时期联系在一起的，在此时期内他正在思考关于现在叫做“康托的连续统假设”的问题。他也正在苦思冥想着一个单独的数学表达式，即利用希伯来字母阿列夫的一个方程：

$$2^{\aleph_0} = \aleph_1$$

这个方程是关于无穷的性质的一个表述。在康托写出它以后的一个多世纪，这个方程——连同它的性质和蕴涵——仍然在数学中保留着最不可思议的神秘性。

2. 古代起源

在公元前 5 世纪和 6 世纪间，古希腊人发现了无穷（或无限）。这个概念对人类直觉而言是如此矛盾、怪异，甚至是对它们的颠覆，以致使古代哲学家和发现它的数学家深感困惑，引起了无限痛苦、精神错乱，至少有一个人因此而死。这个发现引起的结果对以后 2 500 年的科学、数学、哲学和宗教有着深刻影响。

有证据表明古希腊人已接近无穷概念，这就是那时经常出现的伊利亚（Elea）哲学家芝诺（前 495—前 435）提出的悖论。这些悖论中最著名的是芝诺描述的古代跑得最快者阿其里（Achilles）与一只乌龟之间的赛跑。由于乌龟跑得非常慢，所以开始时是让它在前面。芝诺推理说阿其里在乌龟后面某一处时开始起跑，这时乌龟应在前面有一段距离。然后经过一段时间阿其里到达乌龟开始起跑处，而乌龟也已经进一步向前跑了一小段距离。这样的论断按此方式可继续无穷地进行下去。因而，芝诺得出结论，跑得最快的阿其里绝不能赶上跑得非常慢的乌龟。芝诺由此悖论推断出，在空间和时间可被无穷细分的假设下，运动是不可能的。

另一个芝诺的悖论是两分法，说的是你绝不能离开你在其中的房间。首先你走到你与房门间距离的一半处，然后是剩下距离的一半处，那么仍然剩下从你所在处到房门间的距离的一半，如此等等。甚至进行无穷多次——每次是前一次尺寸的一半——你也绝不能到达并通过房门！这个悖论的背后藏着一个重要的概念：甚至进行无穷多次有时仍能留下一个较完整的有限距离。但是，如果每一次你取得的量值是前一次尺寸的一半，那么虽然你进行无穷多次，你走过的距离的量值是最初的距离的两倍：

$$1 + 1/2 + 1/4 + 1/8 + 1/16 + 1/32 + 1/64 + \cdots = 2$$

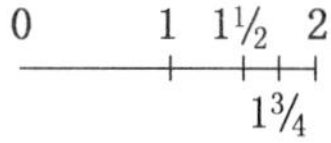

芝诺利用这个悖论争辩说，在空间和时间可被细分为无穷多的假设下，运动甚至绝不能开始。

这些悖论是历史上利用无穷概念的最初例子。令人惊讶的结果是，进行无穷多步仍能有一个有限和，这种情形叫做“收敛”。

人们试图通过放弃这概念来解决阿其里的悖论，或一个人打算离开房间的悖论，那么必须采取少之又少的次数。怀疑依然存在，因为如果阿其里追赶的次数必须少之又少的话，那么他绝不能赢。这些悖论突出了无穷概念令人费解的性质，以及当我们试图理解无穷过程或现象时我们面临的陷阱。但无穷的思想在芝诺前一世纪的毕达哥拉斯（前 569—前 500）的著作中已经有了，毕达哥拉斯是古代最重要的数学家之一。

毕达哥拉斯生于阿纳托利（Anatolian）海湾内的萨摩斯（Samos）岛上。他年轻时广泛游览了整个古代世界。按照传统惯例，他访问了巴比伦，几次到埃及旅行并会见教士们——从文明初期起埃及历史纪录的保存者——并和他们一起讨论埃及人对于数的研究。他回来后，搬到意大利的克罗顿（Crotona），并创立了一个致力于数的研究的哲学学派。在那里，他和他的同伴推导出著名的毕达哥拉斯定理。

在毕达哥拉斯前，数学家们并不理解现在称为定理的那些结果，是必须证明的。毕达哥拉斯和他的学派，以及古希腊的其他数学家把我们引入严密的数学世界——一个从最初的少数原理利用公理化和逻辑推理逐级建立起来的体系。毕达哥拉斯以前，几何学是通过经验量度得来的一些规则的集合体。毕达哥拉斯发现，一个完整的数学体系是能够建立起来的，该体系中的几何元素是与数对应的，而整数和它们的比对于建立一个合乎逻辑和真实的完整体系都是必要的。但是某些事情粉碎了毕达哥拉斯及其同伴所建立的优美的数学体系。这就是无理数的发现。

在克罗顿的毕达哥拉斯学派遵从严格的管理规定。成员们相信轮回，即灵魂的转世。所以，为了保护死去朋友的灵魂而不能宰杀野兽。毕达哥拉斯派是素食主义者并遵守对额外食物的限制。

毕达哥拉斯派对数学和哲学的坚持不懈的研究是他们道德生活的基础。相信毕达哥拉斯派已经制造了两个词语，哲学（智慧的爱）和数学（学习到的东西）。毕达哥拉斯派有两类讲演：一类是给他们的学派成员的；另一类是为广泛交流通信用的。发现存在捣乱的无理数是在第一类讲演中提到的，对这类讲演成员们要宣誓完全保守秘密。

毕达哥拉斯派有一个符号——内接于一个五边形的一个五角星，这个五角星内部是另一个五边形，其内部是另一个五角星，如此等等直至无穷。在此图形中，每一条对角线被交线分成不等的两部分。较大线段与较小一段的比是黄金分割，是在自然界和艺术中出现的那个神秘的比例。中世纪有个斐波那契（Fibonacci）数列：1，1，2，3，5，8，13，21，34，55，89，144，233，……其中从第 3 项起每个数是它前两个数的和，黄金分割是这个数列中相邻两个数的比所组成的数列的极限。每相邻两个数的比接近于黄金分割：1.618……，这是一个无理数。它是一个无限不循环 10 进小数。无理数在毕达哥拉斯以后的 2 500 年中对无穷概念的发展起着决定性作用。

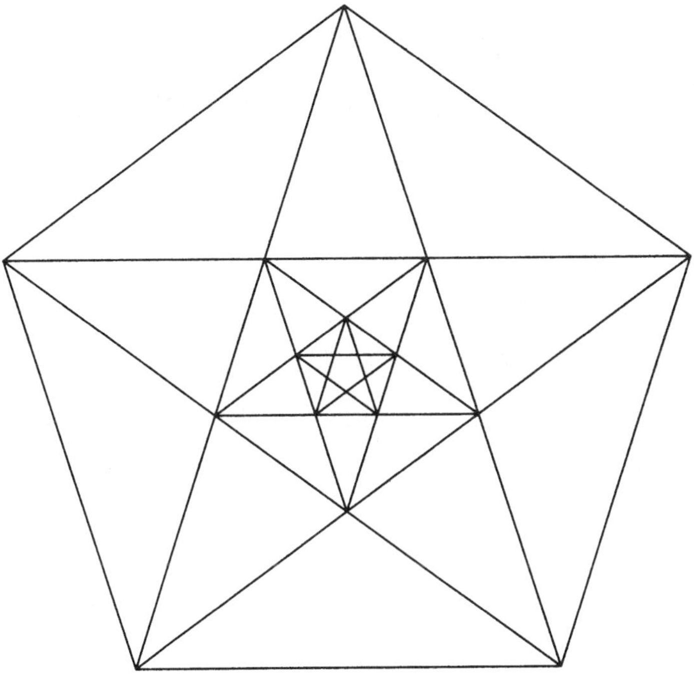

数神秘主义不是起始自毕达哥拉斯学派。但毕达哥拉斯派举行的对于数的顶礼膜拜的仪式，不论是从数学还是从宗教方面来看其规格都很高。毕达哥拉斯们认为 1 是所有数的生成元。这样的认识使他们能对无穷概念有些理解，因为给定任何一个数——不论多么大——他们都可以在此数上加 1 而得到一个更大的数。毕达哥拉斯们认为偶数是阴性，奇数是阳性。3 是代表和谐的第一个真正的奇数，4 是第一个平方，看做是公正和恰当计算的符号。5 表示婚姻：第一个阴性数与第一个阳性数的结合。6 是创造的数。毕达哥拉斯们特别敬畏数 7：它是七个行星或“奇妙星体”的数。

最神圣的数是 10。它是表示宇宙的数，并是所有生成几何维数的元素之和：10 = 1 + 2 + 3 + 4，其中元素 1 决定的是点（0 维），元素 2 决定的是线（1 维），元素 3 决定的是面（2 维），元素 4 决定的是四面体（3 维）。毕达哥拉斯派智力成就的最大贡献是：他们从抽象数学推演论证数 10 的方法远胜于计算两只手的手指。与此相同，数 20 是所有手指和脚趾的和，在它们的世界中没有什么特别之处，而基于 20 的一个计算系统的遗迹在法语里仍可见到。毕达哥拉斯派基于抽象数学推理的论证远远优于通常的具体实物的计算。

10 是一个三角形数。这里我们再次看到毕达哥拉斯派所知道的几何与算术之间的联系。三角形数是这样的一些数，把它们的数画下来时形成一个三角形。类似的三角形数是 3 和 6。10 的下一个三角形数是 15。

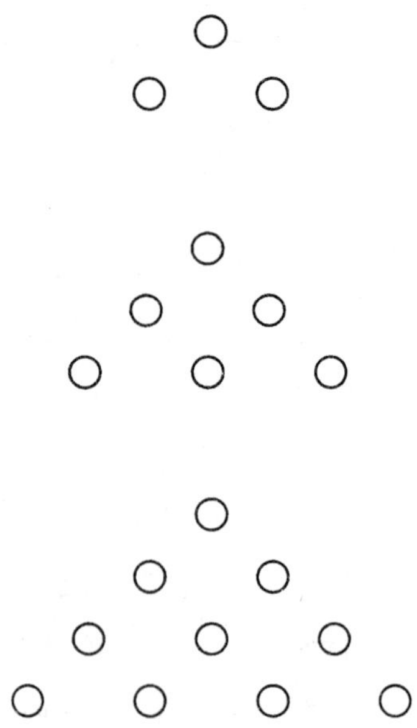

一个稍后的毕达哥拉斯派学者——菲洛罗斯（Philolaos，公元前 4 世纪）写到了关于对三角形数特别是对 10 的崇拜。菲洛罗斯

描述的神圣的10如同全能的创始者，指导着天上和地上的生活[1]。我们知道的有关毕达哥拉斯派的许多事情都来自菲洛罗斯和生活在毕达格拉斯以后的学者的著作。

毕达哥拉斯派发现，有不能表示成两个整数之比的数，这种数叫做无理数。毕达哥拉斯派是从他们著名的定理推导出无理数的存在的，该定理说的是直角三角形斜边的平方等于其他两边的平方之和，$a^2 + b^2 = c^2$。这可由图形证实如下：

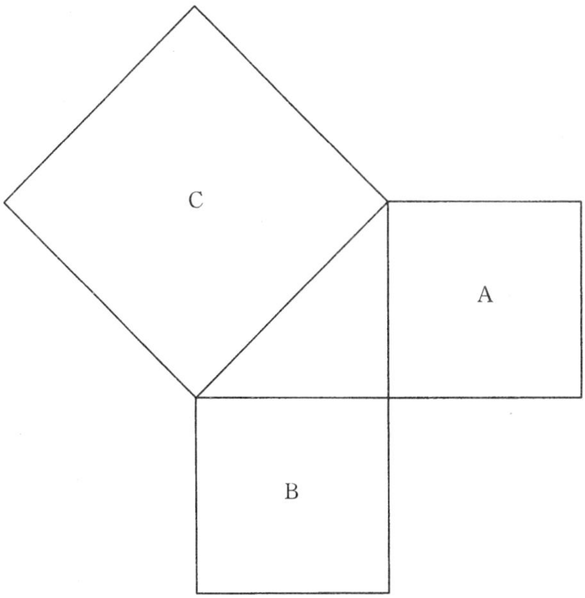

当毕达哥拉斯定理应用到两边都是1的直角三角形时，斜边的长就应由方程$c^2 = 1^2 + 1^2$得到，即$c = \sqrt{2}$。毕达哥拉斯派认识到这个数是不能被写为两个整数之比的[2]。有理数是形为a/b的数，其中a和b都是整数，它们的十进小数位或变成全是零，或有一部分是无限循环的。例如，$1/2 = 0.500\,00\cdots\cdots$；$2/3 =$

0.666 666 6…… ; 6/11 = 0.545 454 54……。另一方面，无理数是无限不循环小数。因而无理数是需要写出无限多个十进小数位的。[3]

对于毕达哥拉斯派和追随者来说，发现无理数是不能接受的，因为数已变成毕达哥拉斯派的宗教信仰。数是他们崇拜的偶像。而数只意味着整数和分数。2 的平方根是一个不可能用上帝所创立的两个数的比来表示的，它的存在危及他们的整个信仰体系。这个捣乱的发现来到的时候，毕达哥拉斯派已经献身于研究数的威力和神秘性的秘密盟会。

希帕苏斯（Hippasus），毕达哥拉斯派的一个成员，由于他把无理数的存在泄露给外部世界而被认为犯了重罪。有一些有关这一事件余波的传说。应某些人的要求希帕苏斯被盟会开除了。还有一些传说谈到他是怎样死的。有一个故事说毕达哥拉斯本人勒死或溺死了这个叛徒，而另一些则描写了毕达哥拉斯派如何在希帕苏斯还活着时为他挖掘坟墓，然后秘密地将他处死。还有一个说法是希帕苏斯被盟会其他成员放进一叶漂浮在海面的小舟里，接着把它沉入海底。

在某种意义上，毕达哥拉斯派的整数的神圣思想与希帕苏斯一起死亡了，代之而起的是丰富的连续统概念。世界知道了无理数的秘密后，希腊的几何学诞生了。几何学处理的是线、面和角，所有这些都是连续的。无理数是连续统世界的自然居民——虽然有理数也住在同样的范围里——因为它们构成连续统上数的主体。一个有理数可用一个有限项的数表示，而一个无理数，例如 π（圆的周长与其直径之比），它的表达式实质是无穷的：它是完全的无穷，必须指出无穷多位数字（对于无理数不可能说“小数 17 342 永远循环”，因为无理数没有循环的部分）。

大约公元前500年毕达哥拉斯死于南意大利的梅塔蓬图（Metapontum），但散布在古代世界各地的他的许多弟子仍继续传播着他的思想。在一个敌对的叫做西巴若斯的秘密团体对毕达哥拉斯派进行可怕攻击和谋杀他们中的很多人后，克罗顿的中心被放弃了。带着毕达哥拉斯派的热忱逃出来的那些人中有少许人到达塔朗特姆（Tarantum），这里比克罗顿离意大利的内地更远些。在那里，菲洛罗斯一直沉浸在毕达哥拉斯的数神秘主义中。菲洛罗斯写的有关毕达哥拉斯派工作的著作引起了在雅典的柏拉图的注意。柏拉图本来不是一个数学家，而是专注于毕达哥拉斯派把数神化的一个伟大的哲学家。柏拉图对毕达哥拉斯派数学的热心使雅典成为4世纪世界数学的中心。柏拉图成为著名的"数学家的缔造者"，并且在他创建的学园里至少有4个学生被认为应属于古代世界最杰出的数学家之列。对我们的故事来说最重要的一位是欧多克斯（Eudoxus，前408—前355）。

柏拉图和他的学生知道连续统的威力。他们保持着对于数的崇拜仪式——现在达到一个新水平——柏拉图在他的学园门口上写道："不懂几何学者请勿入内。"柏拉图的格言表明，不可公度的量——像2和5的平方根这样的无理数的发现使希腊的数学界大吃一惊，动摇了毕达哥拉斯派对于数的崇拜的宗教基础。如果整数和它们的比不能描述正方形的对角线和它的一边之间的关系，那么贡献给全部数的完美部分是什么呢？

毕达哥拉斯派用小石粒或calculi来表示量。词"计算法（caculus）"和"计算（calculation）"来自毕达哥拉斯派的calculi。通过柏拉图的数学家们和亚历山大（前330—前275）的著名的《几何原本》一书的作者欧几里得的工作，量与线段联系在一起了，像算术化的几何学到达了量（calculi）的地方。要搞清数与连续量之间的区别与联系，需要一个数学——以及哲学和宗教——的新方法。坚持这个寻求事物的新方法，例如，不是代数的而是作为矩形面积的应用，欧几里得《几何原本》讨论了二次方程的解。数仍在柏拉图的学园里有统治地位，但现在它已进入几何学的较广范围里。

在柏拉图的《理想国》里，柏拉图宣告“算术在使人心灵不得不合理地接受抽象的数方面起着非常伟大和崇高的作用”。《蒂迈欧篇》(*Timaeus*）是一本柏拉图在其中写到了大西洋的书，大西洋是毕达哥拉斯派一位成员给命名的。柏拉图也谈论了他称为“出生较好和较差的数的头领”的一个数，这个数在他那个世纪已变成思辨的对象。但柏拉图对数学历史最伟大的贡献，是他培养出了推进对无穷概念的理解的一些弟子。

芝诺的无穷思想被古代两个最伟大的数学家接受：克尼多斯（Cnidus）的欧多克斯（Eudoxus，前408—前355）和叙拉古塞（Syracuse）的阿基米德（Archimedes，前287—前212）。这两个希腊数学家在求面积和体积时使用了无穷小量——无穷小的数。他们用到了把图形细分为小矩形的思想，然后计算这些矩形的面积并加在一起作为未知的所求全面积的一个近似值。

欧多克斯出生在一个贫苦的家庭，但他有远大抱负。年轻时他到了雅典，进入柏拉图的学园。要在大城市里生活对他而言太艰难了，他在一个港口小镇找到了居住地，那里生活费用较低，并且每天可使用交通工具到雅典的学园。欧多克斯稍后成为柏拉图的明星学生并陪伴他去埃及旅行。他后来还成为一个物理学家、立法者，甚至在天文学领域也作出了贡献。

在数学里，欧多克斯使用了极限过程的思想。他求曲形边界物体的面积和体积，先把面积或体积细分为大数量的小矩形或小三维体，然后计算它们的和。曲形边界是不易理解的，要计算它们，我们需要把曲形边界看做是非常多个平直边界的和。欧几里得《几何原本》的第五卷中描述了欧多克斯最伟大的成就：为计算面积和体积而设计的穷竭法。欧多克斯论证了我们不需要假定无穷多个无穷小量的真实存在性，这些无穷小量是在计算曲形边界物体的面积或体积时使用的。我们只需假定，在不断细分任意给定总量的过程中存在着“小到我们所希望小”的量：潜无穷概念的一个漂亮的介绍。潜无穷使数学家得以发展极限的概念，这种极限概念是在19世纪发展起来的，它使微积分理论建立在坚实的基础上。

这个最初由欧多克斯发展的巧妙方法，在随后的一个世纪里被古代最著名的数学家阿基米德继承和发扬。受到欧几里得思想和亚历山大学派的影响，阿基米德有很多使他获得声誉的发明创造。他的发现中最著名的是判断当一物体浸入液体中时将失去多少重量的浮力原理。他在抛弹机和其他机械设计上的工作已用于保卫他热爱的叙拉古塞中，这提高了他在古代世界的名望。在数学方面，阿基米德拓展了欧多克斯的思想，在求面积和体积过程中使用潜无穷。用这些方法，他推导出这样的结果，内接于一球的有最大底面的圆锥的体积等于该球体积的三分之一。阿基米德表明潜无穷是怎样用于求一个球和圆锥的体积，并导出真实的结果。阿基米德死后一个罗马士兵让石匠用石头把一圆锥内接凿入一球内，以此纪念阿基米德自认为最漂亮的发现。

黄金时期的古希腊哲学家和数学家，从毕达哥拉斯到芝诺到欧

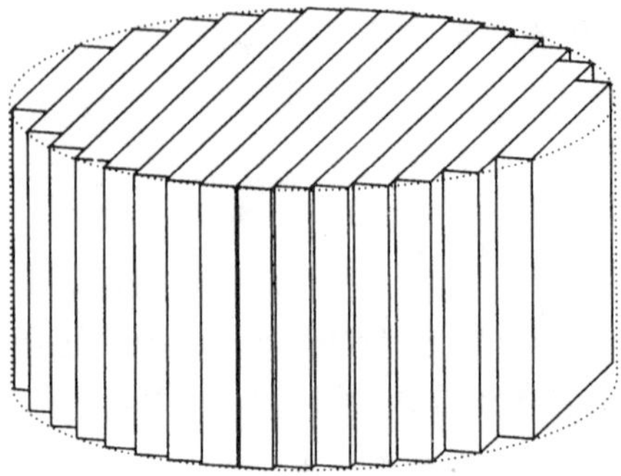

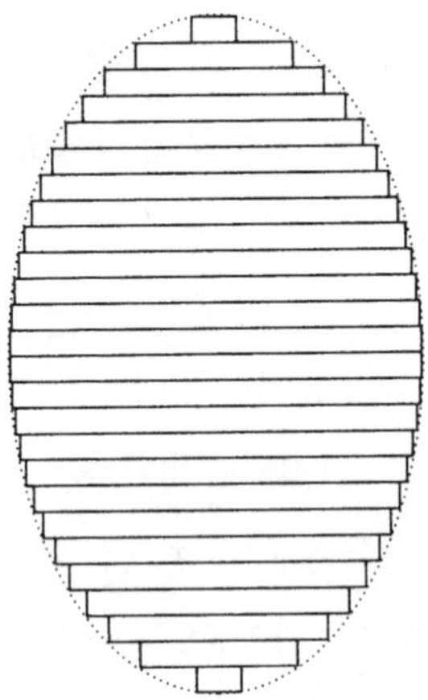

多克斯和阿基米德，有关无穷概念的发现很多。令人惊诧的是，在随后的 200 年里有关无穷的性质所知甚少。然而，无穷概念在中世纪再次诞生于一个新的范围里：宗教。

3. 喀巴拉——中世纪犹太神秘主义教派

当公元前200年以色列人离开埃及以后，他们建立了犹太教神职。第一个取得神职地位的是摩西（Moses）的兄长阿隆（Aaron）。这位神的颈上戴着一条金项链，它由安排成矩形的12个方形贵重金属块组成，每一块代表以色列12个部落中的一个。这条庄重的项链，被认为具有强大的神秘魔力。它能使人看到以色列人在沙漠里所经历过的40年严酷的考验。以色列人在西奈山顶的宗教仪式上用它把10条圣诫传递给后代，然后他们带着它征服各处，得到圣地，最后把它放在耶路撒冷的圣殿里。有了这样的神和魔力项链，犹太神秘主义诞生了。

1 000年以后，当犹太人从放逐地回归后，犹太学者对在旧约圣经前5卷中隐藏的含意写下了秘密的解释。这些著述是具有高度譬喻寓意的，对它们的研究被委托给选择出的一群学者。公元70年罗马人毁坏耶路撒冷圣殿，犹太人第二次被放逐后，这些著述开始被精心修改和充实。

在这些不幸事件之后，犹太领导人散布在犹太（Judaea）地区（罗马南部），许多贤者住在离耶路撒冷城一段距离的崖恩（Yavne）小镇里，那时耶路撒冷城是禁止犹太人留下的。这些代替庙宇教士的最初的博学者，建立起一个学术团体。他们当中有一个人成为犹太人的伟大精神领袖：先知亚基瓦（Rabbi Joseph ben Akiva，50—132）。

先知亚基瓦写了一部论文集，叫做《默卡瓦》(Maaseh Merkava)，或《驾驭战车之法》。这部先知亚基瓦的著作教给信徒们一个精神感知的新方法。他的方法是依靠直观想象创立天堂似的地方，创立这些地方的目的是要诱导信徒们沉思冥想以更靠近神灵。

先知亚基瓦碰巧有过一次人的意识过于紧张的实践活动。先知所描述的沉思冥想是要祈求肉体经验外的精神状态的诱导，并且是西方文化里先前不知道的那种高度心醉神迷。当天堂似的地方模糊出现，人们激动而紧张时，亚基瓦劝诫他的信徒们不要被幻象迷惑或失去对现实的感知。"当你遇到纯大理石（沉思冥想的一个阶段）时，"他写道，"不要说'水！水！'，因为那诗篇告诉我们'在我的眼前将不会有说错话的人'。"

先知利用圣经和自己作曲的颂歌作为达到心智沉思冥想阶段的手段。这些设计之一是使信徒们直观见到有无限亮光的象征性的，叫做夏洛克（chaluk）的长袍。这是上帝在西奈山顶显灵时在摩西面前用以遮蔽上帝的。在他们的沉思冥想中，信徒们努力获得摩西一样的紧张程度，仿佛他们看见了长袍形的上帝。

按照传说，亚基瓦以及他的 3 个同僚一起进入默祷的地方。他们的体验是如此的紧张，第一个先知阿哉（Rabbi Ben Azai）凝视着无限的亮光，死了，这是为了让光源只照亮他的肉身而使他灵魂永存。第二个先知阿拔亚（Rabbi Ben Abuya）注视着神光，看到了两个上帝而不是一个。他成为了一个叛教者。第三个先知佐玛（Rabbi Ben Zoma）瞥见了上帝长袍的无限亮光并丧失了他的精神，再不能过正常人的生活。只有亚基瓦留存下了他的体验。

一个多世纪散布于各处的几代犹太学者研究了先知亚基瓦的著作。这些研究是严格地秘密进行的，原因有三。首先，认为体验的紧张程度对于未体验者是危险的。其次，犹太人还不是他们的土地——巴勒斯坦或分散于各处的土地——的主人。此外，在犹太人涉足神秘主义方面其规则还未被看做是合法的。因而，神秘色彩掩盖了他们的写作并且经常搞不清楚这些写作的原作者。为保证传统的可靠，这些著作是一代一代由老师口头传授给学生的。

10 世纪，海恭（Hai Gaon，939—1038）的巴比伦人的学校，集中教授由先知亚基瓦追随者介绍的沉思冥想方法，并且更注重个性精神发展而不是要改变心灵状态。在巴勒斯坦和欧洲，神秘的沉思冥想保留在默卡瓦的精神中。沉思冥想的指导原则是，经过它们，当以色列人接受了 10 条圣诫后，任何一个犹太人都将可能重复在西奈山顶出席仪式时的体验。

在 11 世纪的西班牙，神秘的所罗门 · 本 · 盖比洛（Solomon Ibn Gabirol）给秘密的神秘主义和沉思冥想的犹太教系统命名为喀巴拉（Kabbalah）："接受了"犹太传统。这些是从口到耳的秘密讲授，是精神智慧的一种直接传递。在西班牙和其他地方，现在被叫做喀巴拉信徒的，把他们自己组织成一个秘密团体，宣称要研究古代的律法规则及对它们的评注，寻找秘密连接和隐藏的真理。不久，他们把注意力转向数。

希伯来字母表中的每一个字母都被赋予为一个数字。贤者们掌握着那些词语是按照某种方式连接的字母，有相同的数字之总值。对这些数和相关意义的研究被认为是几何学。希伯来字母表中的字母的排列与交换被用来研究巴勒斯坦的早期喀巴拉教徒所制定律法的隐藏意义。在 12 世纪，法国喀巴拉教徒加上了基于 4 个字母的合成词——上帝的 4 个字母名字，YHVH——的一个实际的沉思冥想。这些沉思冥想除了研究 4 个字母词的数值外还包括呼吸练习和身体姿势练习。

1280 年，西班牙喀巴拉信徒摩西·德·利昂（Moses de leon）写了一本研究喀巴拉的书，书中他把从古代到他那个时代所知的沉思冥想和神秘主义的重要元素都放在一起。这本书叫做《佐哈尔》(Zohar)，意思是光辉之书或强光，上帝无穷光焰之书。《佐哈尔》是摩西的神秘经验的一个总结，是他以神的名义沉思冥想的成果。它是用古代近东文明初期的谜一样的亚拉姆·佛兰卡语写成的。《佐哈尔》的基础来自西梦·巴·约海的喀巴拉早期传统，而西梦·巴·约海是先知亚基瓦的一个学生。在那时，《佐哈尔》是喀巴拉的最重要的书。

但《佐哈尔》的起因已被掩盖在神秘之中，并且已成为进行了一个世纪的论战的题目。摩西·德·利昂是从在他的朋友间传阅的内容开始的，这些内容是他简单转述的西梦·巴·约海的古代著作，他后来编辑成《佐哈尔》。按照传统，巴·约海在伽里利（Galilee）的一个洞穴里用了 12 年来写他的沉思冥想的著作，在以色列被罗马占领时期这些著作被藏了起来，后来被挖掘出来，进入了西班牙。然而，1305 年，一个从圣地的地中海湾的城市曼鲁克来的逃亡者来到了西班牙。他请求检验所有巴勒斯坦的原本手迹，结论是，德·利昂的书不可能是复制巴·约海的古代著作的，而是一本现代著作。

另一些调查者找到证据支持德·利昂的著作是古代的主张。几年里，德·利昂的一些小册子汇集为成卷的《佐哈尔》。在 1280—1286 年间，摩西·德·利昂写出了完整的多卷著作。有关原稿可靠性的怀疑持续了一个世纪。是否《佐哈尔》源自古代原始文件或是 13 世纪基于古代思想创造的产物，这在犹太教神秘主义里是极其重要的。《佐哈尔》已是喀巴拉神秘哲学的骨干。

印刷术的出现，使书籍变得更易得到，1558 年和 1560 年《佐哈尔》的首次印刷版分别在意大利的曼鹊和克里蒙纳制成。有关神秘写作的争论因教本可用性的增加而增加。许多喀巴拉信徒相信，因出版《佐哈尔》泄露神圣律法隐藏的秘密是危险的，并且应予禁止。另外一些人反对的理由是，这是现在的著作，并不是古代原作。

一个世纪后，由于一个人的出现爆发了更多的争论，这个人是后来如伏尔斯·麦斯赫（False Messiah）一样著名的撒贝太·泽维（Shabbetai Zevi）。以撒贝太为头领的 17 世纪的撒贝太主义运动描绘了从《佐哈尔》出发的很多的形象、符号和教义。1666 年撒贝太在土耳其被逮捕并给了他一个选择的机会：死或改宗伊斯兰教。他选择了后者。然而，《佐哈尔》的形象，符号和教义横扫一切的威力是如此强大，它的传播并没有停止，并且该运动持续遍及整个 18 世纪。

还是在 13 世纪的西班牙，亚伯拉罕·阿布拉菲亚（Abraham Abulafia）允许妇女和非犹太人参加喀巴拉的实际活动，这发展成最大原则性争论之一。他同时陷入犹太宗教权威和审讯两方面的冲突。他的新办法为统治一个世纪的犹太教神秘主义救赎祭拜仪式做了准备。

15 世纪中，许多伟大的喀巴拉信徒为逃避西班牙的调查，以及接近他们人民居住圣地的愿望的推动，迁移到伽里利（Galilee）处的舍弗特（Safed）小山镇。直至今日，舍弗特仍有圣地的气氛。城郊散布着中世纪著名先知的坟墓，城市的鹅卵石人行道看起来仍像几百年前建成时那样。宗教学者穿着黑袍散步在古老的街道，但他们中大多都在用手机谈话的情景除外。城市的某些房子是最古老的标准犹太教会堂。在那里，在艾萨克·卢里亚（Isaac Luria，1543—

1620）领导下，一个神秘的秘密公社建成了。这个公社的成员叫做朋友，他们共享义务培养食物，祈祷，沉思冥想。卢里亚引入了一种新的沉思冥想的方法，一种和深度集中注意力的形式方法。卢里亚给他的每个学生指定一个适合他特性的统一的练习。在每个优等学生的沉思冥想阶段，艾萨克使用了香烟、芳香的植物及香料。设计这些的目的是让学生有机会接近上帝的崇高伟大。

公社繁荣发展并产生了某些伟大的喀巴拉学者的名字。他们中有摩西·柯多未路（Cordovero，1522—1570），他那时领导着舍弗特镇的喀巴拉信徒们。他制定了在圣人坟墓前群体的祈祷冥想和符合教义的讲道。另一重要的学者是约瑟夫·开罗（Joseph Caro），他是1536年从西班牙到达舍弗特的。开罗、柯多未路和他们的同僚确立希伯来文为公社的语言文字，并且教他们的成员背诵用喀巴拉解释的传统口头教义。《佐哈尔》本身是1570年由卢里亚带到舍弗特的，他那时正从埃及旅行到那里。在舍弗特，在如此众多杰出学者的影响下，建立并实行着喀巴拉的基本要素。这些基本要素现在已知的是什么呢？

在喀巴拉的核心部分中有10个塞弗罗特（Sefirot，表面意思为“圈层”或“细目”）。这样，数字10在犹太教神秘主义中就具有一层特殊的意义，如同它在毕达哥拉斯学派的神圣四字符形式中所做过的一样（在忏悔祈祷中也提到过10个犹太教殉道者——其中之一是先知亚基瓦）。

喀巴拉的许多内容是揭示围绕组成上帝崇高名字的四字母的字符排列，以及研究这些四字母合成词的隐意。上帝的希伯来名字YHVH的字母存在多少种可能的排列呢？让我们列举它们：YHVH，YVHH，VYHH，VHYH，HVYH，HYVH，HVHY，

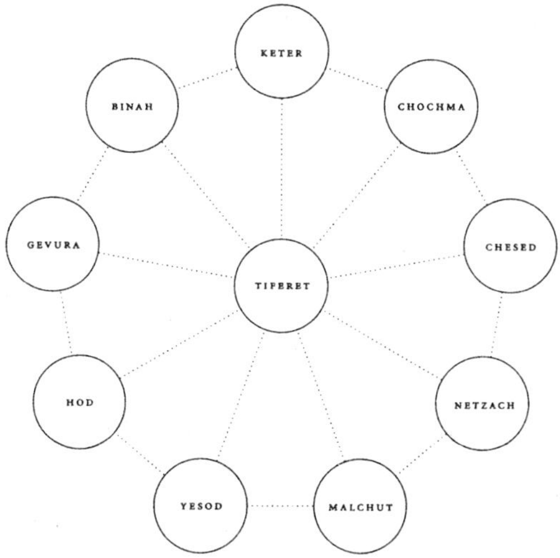
KETER
BINAH
CHOCHMA
GEVURA
TIFERET
CHESED
HOD
NETZACH
YESOD
MALCHUT

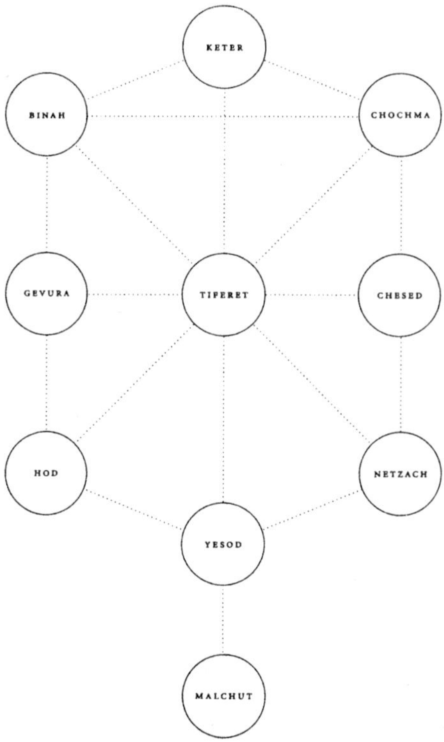
KETER
BINAH
CHOCHMA
GEVURA
TIFERET
CHESED
HOD
NETZACH
YESOD
MALCHUT

HYHV，HHYV，HHVY。存在10种这样的排列，因而数字10是重要的。塞弗罗特（Sefirot），这个喀巴拉隐藏的要素，按神秘的几何形状排列如同占据多维空间的10个球（天体）。当在纸上画出时，它们的显现如下所示，但应理解为扩展到更多维。

上帝希伯来名字的4个字母中的每一个都代表一个世界。字母的10种排列组成10个塞弗罗特（Sefirot）。第一个是Keter，意思是王冠。它表示意志、谦让和第五维意识，和白色与黑色联系在一起。第二个是Binah，意思是理解。它表示幸福，和绿色联系在一起。第三个是Chochma，意思是智慧。它也表示无私，和蓝色联系在一起。之后是Gevura，意思是能力或英雄主义，和强力、敬畏、自制以及红色联系在一起。Chesed是宽恕或善良，和爱以及创造联系在一起，它的颜色是白色。Tiferet是美丽和优雅，和同情以及白色联系在一起。Hod是威严，并且和易变、忠实及绿色联系在一起。Netzach是无始无终并且和光辉、胜利及安全联系在一起，它的颜色是红色。Yesod意思是基础并表示真理和组织结构，它的颜色是白色。最后一个Malchut的意思是王国，并和行动、知觉及和白色联系在一起。

这10个塞弗罗特（Sefirot）的每一个代表了神的一组品质。它们是上帝10方面的表象，并且是对热望密切接近上帝的多种启示。但10个塞弗罗特（Sefirot）的背后隐藏着一个伟大的完整的实体，即上帝。这个整体是如此巨大，如此高高在上，如此超出语言所能描述的，以致能给出的只是喀巴拉信徒有可能用来描述它的名字：恩·索弗（Ein Sof）。这两个词的意思是无穷大。上帝是无穷大。恩·索弗是全部喀巴拉的终极概念。第一个用恩·索弗代表上帝的喀巴拉信徒是12世纪的先知、盲人依萨克。它是使一个瞎子感知到一条无穷光线的概念。

上帝作为无穷大是不能被描述或认识的。恩·索弗远远超出了人类心里希望瞥见的一切。一个14世纪的佚名的喀巴拉信徒写道："恩·索弗没有在律法、预言或写作中告知，既没有在我们先知的话里，也没有在为喀巴拉信徒服务的教士那里接受到它的一点提示。"[4] 出现在《佐哈尔》里的无穷大的一种样式如下：

当国王意识到命运被注定
他铭记高处光影里的雕刻画
一朵正在熄灭的火花重新闪现
来自无穷大的神秘
隐匿的隐匿里
一团缥缈无形的云烟
凝聚成一个环
非白，非黑，非红，非绿
全然无色……[5]

因为上帝是无穷大并且是不能被认识的，圈层（Sefirot）只不过是喀巴拉信徒从恩·索弗的广大无垠里已汇集到的有限的表面形式。圈层是能被研究和沉思冥想，以及能被祈祷的贡献。

是它——圈层使上帝的创造具体化，从最低水平的一种矿物到伟大的自身间的一切。摩西·德·利昂在《佐哈尔》里写道："上帝是统一的整体。一直到最后一次连接，任何事物都与其他世间万物紧紧绑在一起，所以神的实质既在下也在上，既在天堂又在地上。"《佐哈尔》把光、根基、王冠和衣服说成是各个圈层的象征。读者必须解释这丰富的神秘的象征并尝试区别每一个圈层。

圈层和恩·索弗在13世纪早期出现时，喀巴拉信徒们受到了多神主义的非难。上帝怎能是无穷大又是10个圈层呢？喀巴拉信徒们回应说，上帝是无穷大，恩·索弗，而圈层是恩·索弗的各个部分，形成一个完整的“像结合成一个煤块的光焰”。在圈层表现出多层存在的同时，它们全部是一个整体并是无穷大的组成部分。

这样，喀巴拉信徒们似乎已经深刻地理解了无穷大概念，甚至比古希腊哲学家和数学家知道的还多。他们晓得无穷大能包含有限个部分，而整体，无穷大自身广大无边地大过它的部分。在他们对多神主义非难的回应中，他们已用到了一个重要的也是现代集合论中的概念。它叫做“一和多”的问题。[6]这个问题是我们在这样提问时产生的：何时能把很多对象考虑成如同一个，也就是，如同包含所有个别对象的一个集合？这是一个困难的问题，因为它会导致以后我们将讨论的著名的罗素悖论那样的悖论。

喀巴拉的又一概念是空无。喀巴拉信徒们遇到了要他想象纯粹空无那样让人为难的问题。人们总要直观化什么都没有包含的某个东西——一个盒子、一个容器或空的空间。在喀巴拉中，容器叫做器皿或衣服。在现代集合论中，什么都没有包含的集合叫做空集合。喀巴拉中涉及器皿的论述导致了困扰21世纪的集合论的悖论那样的结论。这些影响了我们对无穷大的理解。

喀巴拉不只在一处使用恩·索弗的概念。存在着包括整数的，元素是离散的无穷大（它的10个圈层是分离的）。在喀巴拉典籍里有一些章节，学者们讨论直线无限延伸和向无穷远点弯曲。这是几何的连续的无穷大，在这方面，柏拉图和他的门徒比无理数发现前的早期毕达哥拉斯派理解得更好。这样，喀巴拉信徒显然已经知道，无穷大不论作为离散各项的一个无穷的集合还是一个连续统，都是存在的。上帝似乎观察到，这两类无穷大以及无穷大的复杂性，人类心智还不能醒悟。数学对这些的理解和不同类型无穷大的发展，还必须等待时日。

在它的连续形式里，恩·索弗显示为无限亮度的一条无穷长的光线。光充满空间并且围绕它的曲线伸向无穷。围绕无穷光，空间有一个收缩。这个收缩被理解为在绝对唯一和完美上帝内部存在非完美和有限部分所引起的反作用。根据喀巴拉教义，在创世过程中，光的无穷射线进入收缩的空间，形成10个同心球体。这些球体形成圈层。这里的几何模型是复杂的并具有数学意义。一个简化的图像表示如下。

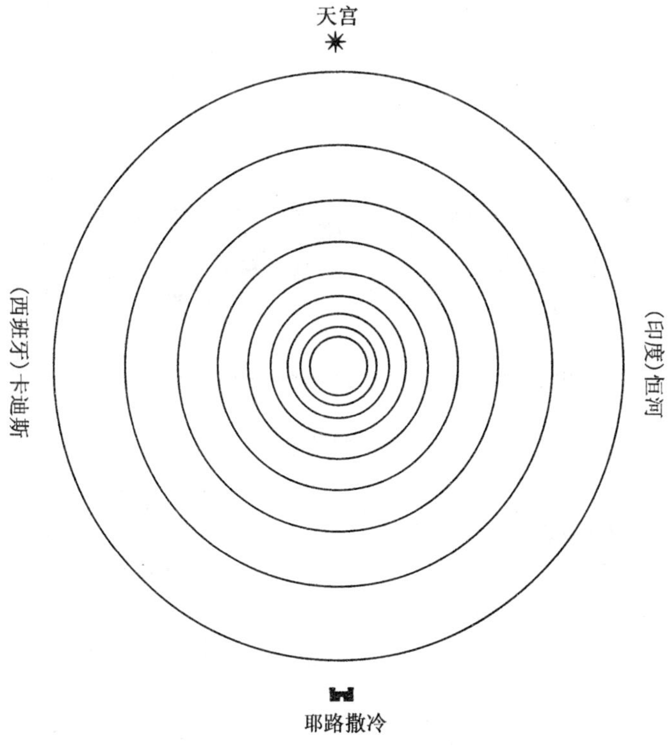

在 14 世纪的但丁·阿利盖里（Dante Alighieri，1265—1321）的著作中，使用了几乎完全一致的模型来表示天堂、炼狱和地狱。但丁旅行经过世界的 9 个球体，超越这些球体存在着一个叫做天穹的点，是上帝居住的地方。不论是在喀巴拉或但丁的模型中，我们都看见这些球体组成一套同心球，离开它们顶部的某个地方，是无穷大。1800 年，一位具有敏锐几何理解力的伟大的德国数学家，发现了一种利用这样一个球描述无穷大的极有意义的方法，现在这个球以他的名字命名为：黎曼球。

但丁还发展了一种神秘的数字系统。他重新发现了毕达哥拉斯的四字符系统，并认为 10 是最重要和神圣的数。他赋予女子贝阿

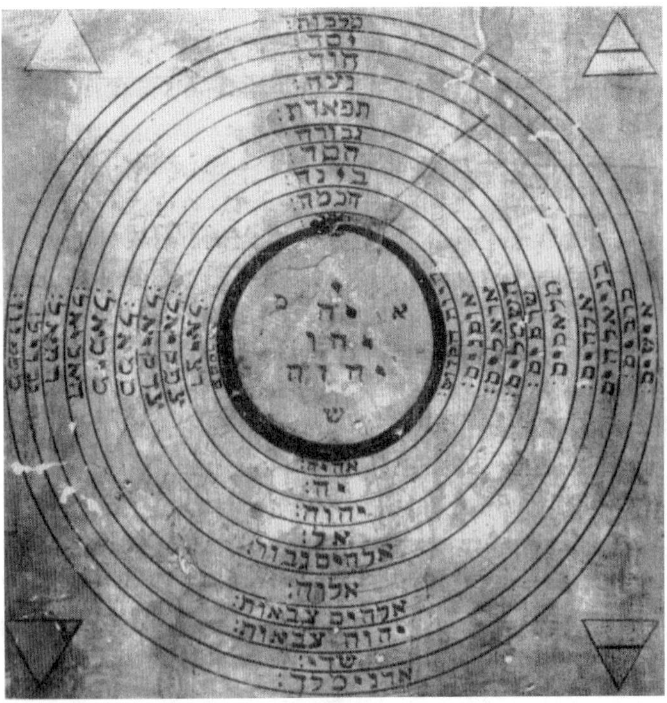

喀巴拉教派的神匾

特丽切（Beatrice）以数字 9，赋予他自己以数字 10，计算这些数及与字符相互作用隐藏的意义，恰像喀巴拉信徒利用几何图像所做过的一样。遍及整个中世纪，数字逻辑也在基督教神秘主义中扮演了一个重要的角色。无穷大概念在两处有关天使的讨论中来到，即多少个天使能在针尖上跳舞，以及其他一个论断。基督教神学家也研究了喀巴拉教的原理。但基督教神学发展了它自己的独立于喀巴拉的无穷大概念。

奥古斯丁（354—430）研究过无穷大。在《上帝的城市》，卷Ⅻ，19 章，奥古斯丁写道："单个的数是有限的，但作为一类，它们是无穷大。这是否意味着，由于它们的无穷性，上帝不知道所有的数？上帝的知识是否扩展到像某个和数或终点那样远？没有人能足够清楚地谈论这些。"

在中世纪，汤姆斯·阿昆纳斯（Thomas Aquinas）谈到过无穷大的概念。1224 年阿昆纳斯生于那不勒斯（Naples）附近的罗卡色卡城堡（Roccasecca）。他 5 岁时，父母把他送到教团大修道院去受教育，该修道院在那不勒斯西北的蒙特·卡西诺那里。这是一所著名的修道院，幼童首先要接触基督教哲学。在那不勒斯的国王关闭此修道院后若干年后，阿昆纳斯回到这个城市，并成为那不勒斯大学的学生。他后来被指定加入黑袍宣教团，在随后的几年，他做研究和讲道，足迹遍及广大的欧洲，从巴黎到科隆、罗马。

阿昆纳斯因为试图证明上帝的存在而著名。深入思考上帝是无穷大的概念，他得到一个似乎是悖论的结果。他问，地球是否是全能的上帝创造的？如果是，他就得到了这样的一个可疑的结果，那就是在宇宙中必然已经有无穷多个灵魂。阿昆纳斯没有解决这个悖论，但他在试图这样做时发展了重要的有关无穷大的概念和它的特性。1274 年，在他能获得任何结论以前，他死在从罗马到那不勒斯途中的福舍牛瓦（Fossanuova）。

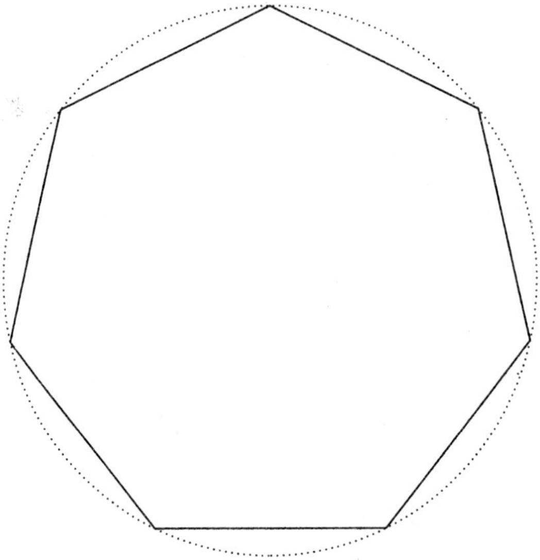

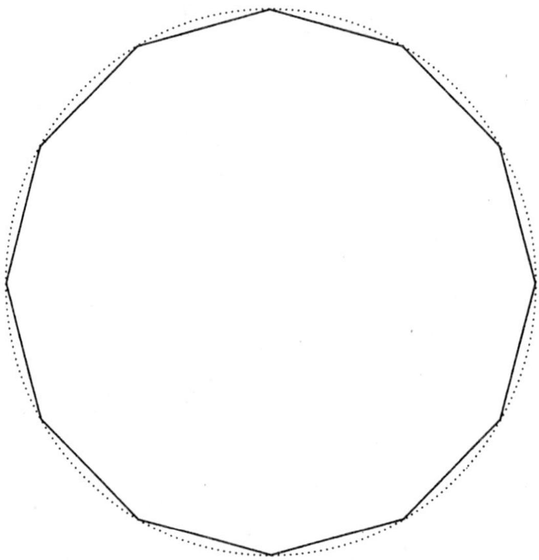

阿昆纳斯的无穷大的概念后来被其他基督学者采纳。汤姆斯·布雷德沃丁（Thomas Bradwardine，1290—1349），一位数学家和神学家，后来是坎特伯雷教堂的大主教，把基督教的无穷大的研究从离散的无穷多个灵魂和天使扩大到几何图形的连续的无穷大。在他的讲本《数论》(*Tractatus de Continuo*）中，布雷德沃丁主张连续量是由无穷多个同一类连续量组成的。他对连续无穷大的思考引发了库沙（Cusa）的尼克勒斯（Nicholas，1401—1464）的后续工作。

库沙的尼克勒斯是一位基督教牧师，并且是研究圆、多边形的数学家，他甚至试图化圆为方。他成为红衣主教后仍然花费多年时间研究古代数学难题。尼克勒斯把对上帝的知识与圆连接起来。他把人类知识直观化为该圆的一个内接多边形。从这些原理出发，尼克勒斯构建了一个借以说明人类知识得以增加的有限论据，多边形的边可越来越多，直至边数趋于无穷大。尼克勒斯的结论是，正如内接多边形的边不论有多少，它决不能变成圆一样，这样的知识不论增加多么多，也决不能得到上帝的知识。

在欧洲文艺复兴时期，无穷大的几何概念获得了进一步发展，数学家、神学家、哲学家和艺术家竞相使用它。16 世纪，艺术家们知道了在他们的绘画中如何利用无穷远点。威尼斯艺术家格奥奇和其他人的画作证明透视画法很好，使用画作的中心作为一个正在消失的点，朝向它的风景逐步消失在无穷远处。这正在消失的点就是无穷远点。

像文艺复兴时期绘画中正在消失的点一样的无穷远点，隐藏在喀巴拉的 10 个塞弗罗特的背后。这个点总括圈层的完整特性以及隐藏在恩·索弗背后的上帝的无穷多其他特质。

丹尼尔·巴波洛（Daniel Barbaro）所绘的一幅木版画（威尼斯，1568）

我们已经说过，喀巴拉是一个秘密的花园，只有少数人才能进入并流连其中。甚至有关喀巴拉的近代书籍都预告读者，这花园不是为所有人开放的，必须进入和穿行的人一定要小心谨慎。只有具有强烈个性的人才能从接近恩·索弗中获益。一个花园的比喻不是偶然的。包含上帝的话的律法，是犹太教精神实践活动的出发点。喀巴拉信徒们在4个层面上读律法：字义上的（Peshat）、说教的（Remez）、比喻寓意的（Derash）和秘密的（Sod）。这4个希伯来字母组成复合词PRDS，发音是Pardes，意思是花园。这样，喀巴拉花园有4个水平。通过学习和钻研，喀巴拉教士能从一个水平上升到更高一级水平。

恩·索弗在希伯来语里是以א（阿列夫）开头的，它是字母表中的第一个字母。这样无穷大就记成阿列夫。在希伯来语里上帝这个词——Elohim，也是以阿列夫开头的（对于“1”——Echad，也是如此）。于是字母阿列夫表示无穷大特性和唯一的上帝。

4. 伽利略和波尔查诺

从17世纪早期到19世纪早期，有两位数学家对无穷的特性作出了深刻的发现。他们的发现可以被认为是生活在两千多年前希腊数学家敏锐洞察力的继续。在此期间，微积分理论以及其他重要的数学领域被创立起来并获得进展，一些最著名的数学家在此过程中留下了他们的名字：牛顿、莱布尼茨、高斯、欧拉以及其他人。然而，这些数学家中没有人能勇于抓住无穷概念。数学家们在他们的推导中明确地用到了这样的论述，趋于无穷大的量或趋于零的量。因此这些数学家处理的仅是潜无穷（或潜在的无穷）。他们之中没有人敢于进入那个神秘的实无穷的园地。

于是，实无穷（真实的无穷）的一个关键特性的发现，就留给了所有时代中最伟大的科学家——但通常他不只是关注抽象数学——之一的伽利略。

伽利略（Galileo Galilei，1564—1642）是一个全才——他是意大利数学家、物理学家、天文学家和人文学家。伽利略的童年是在比萨度过的，从1564年2月15日他诞生起到1574年他家迁往佛罗伦萨止。他出生在文艺复兴的意大利——这里吹遍了具有新思想的改革之风，人类的各种新创造如雨后春笋般蓬勃发展。

年轻的伽利略返回比萨时，他的家庭送他到大学学习医学。但在这里他发现自己对数学更感兴趣。没得到家庭的同意，就聘请了一个私人数学教师——传说的意大利数学家塔太利的一个学生。在这位教师的指导下，伽利略发现了方程和几何学的美丽世界。伽利略找到了他具有的才能：用数学的眼光观察物理世界的能力。

不久，在1583年伽利略得到了他的第一个近代物理学的发现。在一个暴风雨的日子里，他参加比萨大教堂礼拜的时候，伽利略的注意力离开了讲道者。他的眼睛跟随着悬挂在屋顶的枝形吊灯在风中的摆动。伽利略对照自己的脉搏计算吊灯强弱不同的摆动的时间，他很快就得出一个惊人的发现：不论振幅长和短，摆动一次所花的时间相同。我们称伽利略的这一发现为单摆等时定律。

伽利略继续着他激动人心的数学研究。他放弃了医学，没有获得医学学位就回到佛罗伦萨。忍受着家庭对他空手而归的失望，伽利略沉浸于数学之中，并且通过阅读古希腊的有关天才阿基米德的著作寻找到了激情。他为阿基米德在发现了自然界的数学定律时所发出的欢呼而深为感动，他沿着同样路线前进并作出了自己在静力学中的发现。

22岁前，伽利略有了一些发明和数学发现，这些为他赢得声誉，他在塔斯康（Tuscany）的若干地方教授数学。他发表了他的第一本书，《微平衡》，它阐述了他的把伟大的阿基米德的工作做了推广的发现。虽然失去了一个正式的学位，伽利略被重新认为是个成长起来的数学家，并在3年后，他25岁时，被任命为比萨大学的数学教师。

几年后，他到了威尼斯附近的帕多瓦（Padua）大学。1609年一个荷兰代表来到帕多瓦，而伽利略正要去威尼斯，荷兰人希望他能向威尼斯人证实一个新发明——望远镜的用途。伽利略把荷兰人的话带给了威尼斯的一位地位很高的朋友。他使这位朋友相信，若自己能得到权威的支持，就能超过荷兰竞争者，向威尼斯人提供一个性能好得多的望远镜。

1609年8月21日，整个威尼斯议事厅里的人们从楼梯登上钟楼顶部，观看伽利略的望远镜是如何工作的。留存的记录证实了威尼斯人是如何对"伽利略的间谍眼镜"留下深刻印象的。参议员们能清楚地看到那些正在几千米外的马拉诺海岛上散步的人们。船只在肉眼能看到前就已被观察到正在靠近海礁。威尼斯人很快认识到望远镜可用于军事，防备敌人从海上来攻击共和国。总督和参议员们为不久能获得伽利略制造的一些望远镜而深感满意。这位科学家的收入将可能提高，并且也增加了他的威望。

在向威尼斯人证实望远镜的魅力后，伽利略很快就把望远镜转向天空。这位物理学家和数学家现在变成了第一位近代天文学家。伽利略在天空中有惊人发现，包括木星、月亮和许多星星组成的银河。伽利略得出结论，地球可能不是宇宙的中心，他用望远镜发现有较大的星体在围绕着另一个中心转。伽利略继续着他的研究，并用数学来模拟天体的运行轨道。他已能满意地肯定太阳中心论是正确的。

在威尼斯，由于参议院认为伽利略的发明很有价值，戏剧性地决定增加他的酬金。但不到一年，他突然选择回到佛罗伦萨。不像托斯卡纳（Tuscany），威尼斯共和国已表现出对于罗马神圣同盟的很大的独立性。在离开帕多瓦（Padua）前，他发表了惊人的日心理论。该文在威尼斯人的保护下仍安全保存在帕多瓦。但伽利略决定回到佛罗伦萨，那里托斯卡纳的大公科思米二世（Cosimo），请他担任宫廷哲学家和数学家。

伽利略以为与科思米二世的友谊能保护他免遭任何威胁。但大公的权力还不足以把这位伟大的科学家从诽谤者中解救出来——特别是当这些强大的敌人还得到了欧洲最大的宗教权威法庭的支持时。

1615年伽利略怀着对他所从事的科学工作的重要性和所支持的哲学的真理性的充分信心来到罗马。在罗马他获得了最大的荣誉。他成了当时世界著名的科学家，到处受到祝贺和招待。伽利略从托斯卡纳的使节与教会的官员等各种人物对待他的方式中，天真地以为他的安全已可得到保证。他确信他的敌人不能奈何他，那些权威人士会被他的自信感染而接纳他的理论。他未曾料到，他这自信的态度驱使他在随后17年里不断地去罗马。

伽利略不断接近教会，希望赢得他们对他的观点的完全支持。教会指派给他一个有影响力的听者——主教白纳明（Bellarmine）。1616年，教皇交给白纳明一个任务，研究一下伽利略的观点是否为一般公众接受和是否挑战了教派教义。主教白纳明指出，圣诗19节里说，是太阳而非地球在运动着。他随后宣称伽利略的写作直接挑战了圣经，并发布了一份措词温和的报告。白纳明的报告的一份副本交给了伽利略，而原件被放在梵蒂冈存放文件的地方。

具讽刺意义的是，伽利略误解了白纳明1616年的行动，鼓起勇气继续他的关于地动说的讲演，天真地相信教派会接受世界太阳中心论的观点。但是白纳明报告的副本与存放文件处的真实报告是不一致的。在伽利略回到佛罗伦萨知道此事后不久，白纳明去世了。所以现在没有证据表明在这两人之间发生过争论，也没有人能确定在宗教法庭文档中伽利略是否反对过错误副本。

1629年，伽利略把他的思想写成一本书：《关于两大世界体系的对话》，获得了极大的成功。这本书是有关日心论的雄辩论述。伽利略表面上认为辩论双方都可能错误。书中的对话是3个人之间的一场讨论。他们中的两人是以伽利略的朋友命名的，他们持关于太阳和地球的“正确观点”。第三个讨论者叫做辛普利舍（Simplicius），持教会的观点。

教皇起初对伽利略还比较友善。但伽利略一发表这个对话，他的敌人就抓住了他们等待已久的机会。他们被默许能见到教皇并使教皇相信伽利略书中的辛普利舍就是教皇本人，因而这本书嘲讽了教皇。他们的努力见效了。1632 年 8 月，梵蒂冈命令伽利略的出版人停止该书的一切销售。与此同时，狂怒的教皇指定他的侄子巴伯热尼（Barberini）组织一个审查伽利略的著述的委员会。

此后不久，伽利略被命令到罗马去回答反对他的责难。这位可怜的科学家，此时正处于健康不佳的状况，请求给以延期。他的请求被拒绝，并被告知在 6 天内必须亲自到梵蒂冈出席审判。除伽利略外，人人都晓得他处境的危险性。托斯卡纳的大公试图为这位大名鼎鼎数学家的利益进行调停，但他失败了。威尼斯共和国愿意对伽利略提供保护，如果他回到威尼斯的领土的话。伽利略礼貌地拒绝了这个表示。他仍然确信在反对教会的争论中他会赢。1633 年 2 月 13 日，伽利略到达罗马面对宗教法庭的审判。在严刑拷打的威胁下他被迫跪下并撤销他的理论，虽然他按某些建议做过一些大胆反抗。作为回报，他的死刑判决变为终身监禁在佛罗伦萨的住宅中。

在住宅监禁的情况下，伽利略不能再去旅行，指导他的各种著名的物理实验。他被要求待在家里，他温和的女儿每天为他背诵玛利亚福音，这是宗教法庭改变死刑判决的约定的一部分。1992 年，在伽利略去世 350 周年纪念会上，教皇保罗二世为宗教法庭的错误向伽利略做了最后的道歉。然而，对于纯粹数学，对于人类关于无穷概念的理解，伽利略的住宅监禁却可算得上一件幸事。

在被限制于家里和花园的这段漫长和可悲的时间里，伽利略写了一篇论文——《两种新科学的对话》(1638 年)，此文通过错综复杂的对话方式讨论了各种不同的哲学和数学观点。这些对话中发出充满智慧的声音的是萨维亚梯（Salviati）。他的反对者仍然叫做辛普利舍。此文的发表是伽利略对宗教法庭用细薄纱布包着的报复，因为宗教法庭的观点是通过辛普利舍的嘴表达出来的。

萨维亚梯向辛普利舍解释了无穷的各种样式。他是从最好理解的那类无穷开始的，这类无穷，古代和中世纪、文艺复兴时期以及后来的数学家都使用过：极限的潜无穷。经由萨维亚梯，伽利略解释了一个圆被细分为“无穷多个”无限小的小三角形。他指出，一条直线段可被弯曲为圆的形状，而一圆又“可简化为实际是无穷多个微小的直线段，无穷多个微小直线段形成圆只是潜在的”。这样，他继续说，圆是由无穷多个边组成的多边形。

伽利略的论断回到了欧多克斯和阿基米德以及他们推导曲形边界物体的面积和体积的方法的原处，这些也被另一个优秀的天文学家使用过。开普勒（Kepler，1571—1630）用数学方法推导出行星围绕太阳运动的规律。开普勒定律今天已用于空间解释和天文学中。由于利用了巧妙的数学方法，开普勒能够发现并用方程表示行星运动的精确规律。1609 年他宣布了最初的两个定律：太阳的行星是按以太阳为一个焦点的椭圆轨道运行的；连接太阳与行星的直线在相等的时段扫过相等的面积。在推导这些定律中，开普勒推广使用了潜无穷概念。他把椭圆的面积细分为非常多个“无限小”三角形，然后计算它们的面积，从而可知当三角形的总数向无穷大增加时，面积总和的极限是什么。1612 年，开普勒甚至为回应葡萄酒的大量需要把他的方法应用于求葡萄酒瓶的体积，使 1612 年变成美好之年。

进而，在伽利略的论文，关于《两种新科学的对话》中，他迈出了惊世骇俗的一步——从古代以及他同时代的数学家使用过的潜无穷到实无穷的巨大跳跃，实无穷在他之前只有犹太教敢于接触过。萨维亚梯在所有的整数和所有的整数平方之间建立了一对一的对应关系，并说："我们必然得出结论，平方数与整数一样多。"这样一个所有整数的无穷集合被证明是与所有整数平方的集合"个数相等"的，但后一集合是前一集合的真子集。这怎么可能呢？

要理解伽利略的上述发现，我们必须首先定义我们计算事物数目的方法。我们是怎样计数的？"计"数的动作是什么？让我们仔细地分析一下：

○　○　○

要计算上面那些圆，我们无意识地建立了它们与整数之间的一一对应关系——总是从 1 开始然后接着由此往后——并且个数被计出。这样我们给第一个圆指定了数字 1，第二个圆指定了数字 2，而第三个，即最后一个圆，我们指定了数字 3。因为再没有指定了数的圆，也因为 3 是我们给圆的最大的数，所以我们知道肯定有 3 个圆。由于仅有 3 个，当然没有什么麻烦；同样如果要计的是 30 个或更多个圆，计数的意思是给每一个圆指定且仅指定一个数，按次序增加，直到最后一个圆被配上一个数。这个最大的数就是该集合的元素的项数。

对于任何有限个元素来说，没有什么问题或表面的矛盾。任何集合有多少个元素我们就能计到多少数（如果我们有足够的时间）。对无穷集合可用同样的计数原理。要知道一个无穷集合里有"怎样多”个元素，我们仍可一直往后对每一个元素指定一个数，那么看看我们能走多远。伽利略就是这样来试图“计”所有的平方数的。对于要计的所有平方数的第一个数，他指定了数 1，然后如我们通常的计数法，他指定下一个平方数 4 为第二个整数 2。他指定再下一个平方数 9 为下一个整数 3，如此等等直到无穷。

使用如我们在任何有限集合中的“计数”程序，伽利略发现无穷集合是非常不同于有限集合的：一个无穷集合被证明与它的一个真子集有“同样多个元素”。伽利略指出，联系每一个整数的是它的平方，要“计”平方数，那么平方数就和所有整数一样多：1 → 1，2 → 4，3 → 9，4 → 16，如此等等。

但是，不是平方数的那些数是什么？它们在这些数配中的什么地方呢？这似乎是悖论。然而，以上所述是对的，任何一个数都被放入到与它的平方的一一对应关系之内。从某种意义上，整数的个数与平方数一样多。此现象所以成立只是因为它们两个都是无穷集。当伽利略对话里的萨维亚梯正确地得出结论，平方数绝不少于整数时，伽利略未让他说出这两个集是等数的。这对于他是多余的了。这个发现使他震惊，当还有无穷多个数剩余时——所有的非平方数——每一平方数已与一整数联系上了。这样伽利略发现了无穷集合的一个重要性质：一个无穷集合从元素个数上可“等于”它的较小的子集合——包含原集合较小部分的集合。无穷是一个吓人的概念——不再能指导我们日常的直觉。伽利略止步于此，虽然他已试图写一本关于无穷的书。表面上看，无穷的威力之大足以使他离开这个课题。

要搞清楚一个无穷集集合可与它的一个真子集合建立起一一对应的关系，考虑所谓的无穷旅馆是最好的办法。无穷旅馆通常也被称为希尔伯特旅馆，冠以伟大的德国数学家希尔伯特（1862—1943）的名字，是因为他喜欢讲这个故事。无穷旅馆有无穷多间房子。不巧，当你到达这个旅馆时，经理告诉你所有房子都有人了，没有空房。

“但你有无穷多间房子，不是吗？”你坚持着。“是，对的，”经理说，“不过我们所有的房子都满了，它们中没有一间是空的。”你挠着头。无穷多间房；所有的房子都满了。你突然有一个主意。“为什么你不这样做，”你向经理提出建议，“把第1间房里的人移到第2间房，第2间房里的人移到第3间房，第3间房里的人移到第4间房，第4间房里的人移到第5间房，如此直至无穷。因为你有无穷多间房子，你可以连续移动你所有的旅客，这样房间1就能给我使用了。”

你最后在这个无穷旅馆中有了一间房。事实上，你甚至可以保证有无穷多间空房，只要按伽利略书中萨维亚梯那样做：把房2的客人送进房4，房3的客人送进房9，房4的客人送进房16，如此等等。你现在就有了无穷多间可用的房了。无穷对人类的想象力开了一个怪异的玩笑。这只是为我们准备的无穷的惊人特性之一。

伽利略是历史上第一个接触到实无穷和遭受严厉审判的人——至少在短期内是这样。1642年，在他经受宗教法庭的可怕遭遇后只不过几年就去世了，如大家所知他是一个备受打击的人。伽利略理解有关无穷的一个严酷的、违反直觉的事实：无穷集合某种意义上能“等于”它的一部分。也许这是犹太教者在心灵中已有的某种想法，当他们说10个圈层是上帝的无穷的一部分时。如果上帝是无穷，肯定在抽出10个元素后仍留下一个无穷集合。这10个圈层就像是那无穷旅馆的10间空房。

无论如何，伽利略说的仅是无穷的离散形式，即那虽是无穷，但却是元素可被数出来的集。今日我们称这样的无穷集是可数集，例如所有整数或所有平方数的集合，是可数无穷集。有些数学家用术语可列集表示同样的事物。超越可数集到达连续统，它是古希腊人在研究几何学和无理数时接触过的，它对于毕达哥拉斯来说是如此困难以致成为后来另一位数学家的工作。

波尔查诺（Bernhard Bolzano，1781—1848）曾是一位捷克的教士，这是教会强加给他的，因为他具有神学方面的进步观点。由于其他教士们的拒绝，波尔查诺做起了伽利略被软禁时做过的事情：他把注意力转向数学和无穷概念。在他死后两年，1850 年波尔查诺的书《无穷的悖论》(*ParadoxienDes Unendlichen*）出版了。不幸，这本书和他的开创性思想没引起当时数学家们的多大注意。

1781 年 10 月 5 日，波尔查诺生于布拉格的老城区。他父亲是从意大利移居于此的艺术商人。他母亲生了 11 个孩子，其中 10 个都在年幼时先后死去。她对儿子波尔查诺智力的发展有很大影响。波尔查诺是一个虚弱的孩子，经常生病，很差的视力和折磨他一生的听力问题使他倍感苦恼。

波尔查诺在 Piarists 的古典科学院度过了 5 年，在此没发现他自己有什么特别的才能，他认为哲学和数学是非常困难的。具有讽刺意味的是，这恰是将印刻上他名字的两个领域。1796 年波尔查诺入布拉格大学学习。要学的功课困难而广泛，所以波尔查诺发现自己学习必须非常努力。古代希腊数学家特别是欧多克斯的工作吸引了波尔查诺。他们对无穷和无穷小量的开拓工作引导波尔查诺去研究无穷。他也学习欧几里得的几何学和稍后一些数学家的著作，他们中有欧拉和拉格朗日。1817 年他作出了一个重要的数学发现。他发现了一个连续而不可微的函数。同一发现 10 年后也被魏尔斯特拉斯得到，他因此获得很大声誉，而波尔查诺的工作仍不为人知。

1805 年，波尔查诺被迫成为一个教士，并被指定为布拉格大学宗教系的哲学教授。波尔查诺想要这一职位已有好多年了，但由于资历低而未能得到提升，不过他有较好的人际关系。他最终获得了学术地位以及那样一个位置，使他得以发展自己的智力和传授哲学、宗教、数学中的新思想。但波尔查诺在大学中的地位保持时间较短。在他被任命为主任后只不过 10 年，波尔查诺被简单解职和免去教士权力。他谜样的和宗教褊狭成分的故事，有一点点像伽利略。

如同奥匈帝国的所有高等研究机构一样，布拉格大学也由维也纳统治。并且因为奥匈帝国皇帝不把教会事务与国家事务分开，波尔查诺的合同和实际工作包含着紧密连在一起的宗教和现实两方面的事务。波尔查诺是天才的教师，能同时讲授宗教教义和数学，但他作为主任也被要求讲道和做有社会价值题材的讲演。在波尔查诺做的这些公开讲演之一中，出现了一些两个世纪后仍不能清楚理解的内容，成了不断争辩和讨论的课题。

像比他早两个世纪的伽利略似的，波尔查诺经历了反对一个重要官员的事件。一名叫福林特（B.frint）的写了一本书，他希望波尔查诺讲课中能使用它。但波尔查诺有他的新观点，他顶住了压力没有采用这本书。福林特成功地使人们转而反对宗教系的这个新哲学教授。在一系列官方认为是否定波尔查诺讲课的文件基础上，缓慢而有组织的反波尔查诺的浪潮形成了。最让官方不能容忍的是波尔查诺向大学生宣讲和平。他说，用几十年的战争来解决国与国之间的问题应被认为是不可接受的方式。他断言，战争像奥匈帝国里的争斗变得让人无法忍受。对他的第一次攻击发生在 1808 年，他得到布拉格大主教的支持，这帮助他逃过了严重的后果。

冲突延续着，10年后，1818年3月31日，波尔查诺写了一篇长文来回答对他的所有责难。波尔查诺写道，尊敬的福林特先生的书，其内容对学生过于宽泛，而且还不够完备。5月，来自维也纳的答复集中在抱怨他的讲课那部分上。皇帝的命令是波尔查诺应被解职，同时他涉及战争的讲述应遭到严厉谴责。在为自己命运做申诉以后，来自皇帝的最后命令于1824年发布，将不再给波尔查诺任何教学和宗教工作。大主教再次为他的朋友进行调解，历时3年多。1824年底，举行了正式的解职仪式。波尔查诺必须回家。但他得到了一笔补偿费，并可以在43岁时开始他的新生活。

波尔查诺在一个富裕的王公未亡人的领地度过了12个夏季，直到她1842年去世。冬天则在布拉格和他唯一还活着的兄弟在一起。在被大学放逐后的平静的时期里，他转而生活在乡村繁茂的花园和活跃生动的布拉格城市环境中，波尔查诺开始深入思考无穷的性质。

1842年，他必须离开老妇人的领地，波尔查诺在布拉格度过他的大部分时间。他常去梅尔尼克村（Melnik）访问，这是两条河流的交汇处。在那里他与朋友普里洪基（FrPrihonsky）讨论他发现的有关无穷的悖论。在1848年12月18日波尔查诺去世之后，普里洪基收集了波尔查诺的有关无穷的发现并把它们编辑命名为《无穷的悖论》出版。对波尔查诺来说，上帝创造的一切是不存在最高和最低限度的。他相信永恒的事物时间上是双向延伸到无穷的。有关无穷的断言是来自对上帝的沉思默想，这带给波尔查诺对数学无穷的理解，以及对它的悖论性质的发现。

波尔查诺从讨论关于可数无穷集的伽利略的悖论开始。然后他问道，是否有一个无穷的类似性质，它能穷竭连续统的稠密个数。这里，他发现的确也能应用相同的性质。波尔查诺注视两个数区间：0 与 1 之间的所有的数，0 与 2 之间的所有的数。巧妙地使用函数的概念，波尔查诺就能在这两个数区间之间建立起如伽利略在离散世界建立的一一对应关系，而这里是对两个连续数的区间。

以下所述就是波尔查诺实际做法。他用了一个非常简单的函数，$y = 2x$。他令这个函数作用在定义域内的一切数上：0 与 1 之间的一切数。对于这些数的每一个数，函数 $y = 2x$ 都得到在值域内的唯一的一个数：0 与 2 之间的一切数组成的数域。例如，0.5 是定义域 0 与 1 之间的一个数，现在确定值域（0 到 2）内的一个值由 $y = 2x = 2(0.5) = 1$ 给出。按同样的方法，每一个在 0 与 1 之间的实数（实数包括有理数和无理数）都有 0 与 2 之间唯一的一个实数与之对应。因此，波尔查诺得出结论，0 与 1 之间的数和 0 到 2 的区间内的数是一样多的，而 0 到 2 的区间的长度是 0 到 1 的区间长的两倍。此函数和一一对应显示如下。

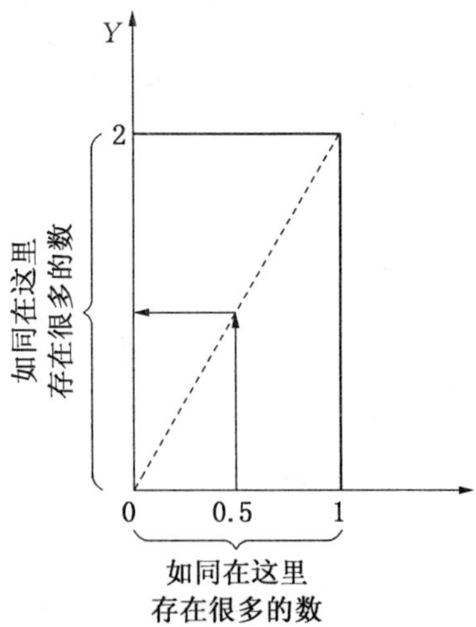

所以在这里，无穷的一个神秘的性质再次被揭露了出来：一个闭区间（即包括它的端点的区间）的数的个数与任何其他不论多长的闭区间的数恰好一样多。这是因为函数 $y = 2x$ 可选为任何其他的函数。波尔查诺已选的函数是 $y = 78x$，他就证明了 0 和 1 之间存在的数与 0 和 78 之间存在的数恰好一样多（两个数集都是无穷集，但一个集存在的数与另一个集的数一样多）。函数里的其他变化可被用来证明定义域不必一定是 0 到 1，而可以是任何数的闭区间。

波尔查诺还对数学作出了其他贡献。其中之一是数学分析中叫做波尔查诺–魏尔斯特拉斯定理的著名结果。波尔查诺推导和证明了这个结果，但如同他在数学中已作出的其他工作一样，在他活着的时候实际上未获得承认。德国数学家魏尔斯特拉斯后来重新发现了波尔查诺的思想并使它引起数学界的注意。如果空间的一子集内任何无穷序列的极限在此空间内，则说该空间具有波尔查诺–魏尔斯特拉斯性质。现举一个序列和由函数$\frac{1}{n}$给出极限的例子。考查点$\frac{1}{n}$，当 $n = 1, 2, 3$……直到无穷时的序列。这个无穷序列收敛于极限点零（因为$\frac{1}{n}$当 n 增加时越来越小：1/2，1/3，1/4，1/5，1/6，……数变得越来越小，并且当 n 走向无穷时趋于极限点零）。波尔查诺–魏尔斯特拉斯定理说，一个有界空间包含它内部的无穷序列的极限点。

5. 柏　林

到 19 世纪后期的时候，人们已经知道先前描述过的有关无穷的事实，但只有个别数学家对它们有少许注意。那时在欧洲有三大数学中心。它们是巴黎大学、米兰大学和柏林大学的数学系。

柏林对于所有讲德语的数学家来说是世界的中心。在柏林的数学系里满是该领域的具有世界声誉的明星。事实上，从 1860 年到第一次世界大战的时期里，柏林是世界数学的无可争辩的领导者。

德国数学在进入 19 世纪时由于伟大的高斯（Carl Friedrich Gauss）的工作而迈向世界顶峰。高斯是一个神童，他在很年轻时就导出了很多重要的数学结果，比其他数学家考虑它们早了几十年。高斯在哥廷根大学任教，但他的弟子帮助他到过柏林大学的数学系。他的弟子中的狄利克雷（G.L.Dirichlet），是他最欣赏的学生。我们知道狄利克雷随身都带着他老师的书——《算术研究》，它包含了高斯最伟大的数学思想。狄利克雷就是这样带着高斯的开创性发现来到柏林的，感谢狄利克雷，他使近代数学分析在那里诞生了。

那里的天才数学家包括黎曼（Bernhard Riemann，1826—1866），他在作出几何学方面的开创性工作的同时，也作出了更严格的积分的概念。他进行的几何学的工作使他考虑了无穷的问题。直线的无限性是从欧几里得的第二公设推导出来的。黎曼争辩说，欧几里得线也可被解释为无界的但不是无限的。球面上的一个很大的圆可被解释为无界的但却是有限的线。黎曼对数学的预见性是如此敏锐以致英国天文学家艾廷敦后来说："像黎曼这样的几何学家几乎能预见到现实世界的更重要特性。”黎曼6岁时就显示出他的数学才能，当他还不能解决交给他的任何算术问题时却能提出教师答不出来的新问题。他10岁时，一位数学教师发现黎曼对一个问题的解答比他还好而倍感欣喜。14岁时，黎曼发明了一种万年历，他把这作为礼物送给了双亲。

黎曼是一个害羞的孩子，为克服害羞，他努力准备好每一次向公众说话的机会。青少年时，他成为一个完美主义者，他不看轻任何一件工作，直到把一件工作做到最好。这种倾向在他的科学生涯中发挥了很重要的作用。

1846年，19岁的黎曼进入著名的哥廷根大学学习神学。这个决定是他的父亲坚持的，他的父亲希望儿子将跟随他的脚步成为牧师。但很快，年轻的黎曼就被高斯的数学教学吸引。在他父亲勉强同意后，他转学数学。在哥廷根一年后，黎曼转到柏林大学，在那里他接受了极好的数学教育，见到了他心中的楷模——数学家雅可比、斯泰纳、狄利克雷、埃森斯坦等等。1849年黎曼回到哥廷根大学，在高斯的指导下读博士学位。黎曼对几何学作出了重要的贡献并继续研究数论。1850年，在考察了数学很多领域以及物理的问题之后，黎曼得出一个深刻的哲学信念，必须建立起一个完备的数学理论，这理论应采用那些支配质点的基本规律并把它们变换到最广泛一般的充满物质的空间（他的意思是连续地充满空间）。

黎曼也理解了他需要理解的那些曲面的性质，并且“捕获”的是距离（也叫做尺度，同样源自距离单位米的一个词）的概念。在“平”面欧几里得空间中，两点间的最短距离是直角三角形 ABC 的斜边 AC，如果沿 x 方向的距离是 BC，沿 y 方向的距离是 AB 的话。这就返回到公元前6世纪发现的毕达哥拉斯定理，该定理导致某些数的实现，如 2 的平方根是无理数。

黎曼把毕达哥拉斯的尺度推广到更复杂的空间。他在这方面的贡献是大量的。首先，把黎曼积分定义为阶梯函数积分的一个无限和。这样的无限和成为康托对无穷的研究的出发点。其次，黎曼的尺度是毕达哥拉斯公式的一个推广，该公式在 2 500 年前使毕达哥拉斯发现了无理数。最后，黎曼对几何的研究工作直接接触到处理空间的欧几里得理论的无穷概念。

黎曼拓展了波尔查诺原理，该原理证明了 0 与 1 区间里无穷点的个数和 0 与 2 区间里无穷点的个数是相等的。黎曼发现了现在叫做黎曼球的东西。这个球显示了平面上的无穷多个点是如何通过加上一个“无穷远点”而紧致地做成球的。这可图示如下。

喀巴拉的同心球，以及卡米嫡神的丹特球，都趋于代表上帝的一个无穷远点，都等价于黎曼球。对照一区间到另一区间的波尔查诺变换，黎曼球表示 2 维平面。但这里增加了一个好处：北极的作用如同无穷远点，平面上每点到该点可连直线，当平面上的点按任

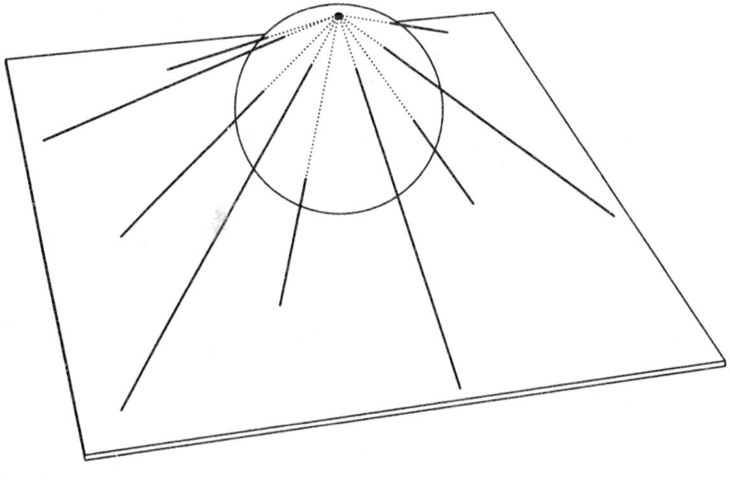

何方向趋于无穷远时所有直线都到该点。这就替代了正无穷或负无穷地到达实一维直线“终点”的两个概念，这里我们有一平面——用球做模型，在这平面上的曲线沿任何方向走得充分远时都趋于一个无穷远点（所有方向最终都到达“北极”）。这平面现在成为紧致的（此平面包含它的极限点；它是闭的且有界。所有点列都收敛于空间内）。这个性质若不加上无穷远点是不成立的。

在柏林（黎曼在那里只有2年，他生命的其余时间是在哥廷根度过的），具有显要位置的另一个重要的数学家是魏尔斯特拉斯（Weiestrass，1815—1897）。魏尔斯特拉斯被看做是现代数学分析之父。数学分析是函数、连续性以及空间（如直线和平面）的性质的理论。数学分析使微积分和处理连续对象的其他数学领域（对照在抽象代数里，处理的是离散的事物）得以建立在牢固的基础上。年长黎曼10岁的魏尔斯特拉斯于1850年着手对无理数和连续性做深入研究。此研究是从2 300年前欧多克斯留下来的、在芝诺悖论中所含的数学思想开始的。

滑铁卢那年的1815年，魏尔斯特拉斯生于德国墨斯塔区域的奥斯藤费尔德（Astenfelde）村。他是4个兄弟姐妹中的最长者。他父亲是领法国薪水的一名海关官员。那时法国仍统治着欧洲，但已开始走下坡路，而德国民族主义正在兴起。在数学方面也是如此。德国正在向起支配作用方面变化，尽管很多法国数学家在此领域仍作出了巨大进步。当魏尔斯特拉斯11岁时，他母亲去世，父亲再婚。显然继母不关心他及他兄弟姐妹的智力发展。专制的父亲急切地要他的长子有实际职业。14岁时，在他的家搬到西弗利亚（Westphalia）后，魏尔斯特拉斯进入帕德堡（Paderborn）的公立大学预科学校。19岁时，他以优异学习成绩在此学校毕业，在德文、拉丁文、希腊文和数学方面获得很多奖赏。不像很多其他的数学家，魏尔斯特拉斯在音乐方面没有天赋，从没表现出曾喜欢听音乐。每当他的家庭要发掘他在这方面的才能，带他参加音乐会或听歌剧时，作为成年人的他竟然会呼呼大睡。

15 岁时，魏尔斯特拉斯业余为一个家庭的熟人记账。在与数字打交道时他表现出了惊人的非凡才能。这使他的父亲决定其儿子应接受为政府计算人员所做的培训，并送 19 岁的他进入波恩大学学习簿记和法律。但魏尔斯特拉斯的真正才能在抽象数学思考，他厌烦需要他在大学学习的实际科目。他把全部时间花在击剑、社交和喝啤酒上。他的快速和灵敏使他沉迷于这些方面。年轻的魏尔斯特拉斯 4 年后没取得任何学位回到了家。

他失望的父亲和兄弟姐妹们不可能理解他，虽然他获得的是比学位更重要的一些东西。他获得了同情、忍耐和能及时帮助他成为那个时代最好的数学教师的社交技能。这个家庭显然受到了折磨：他们对他是如此深感失望以致他们谈到他时仿佛他已死去。这个最可能得到光明前程的孩子，失去了他生命中的 4 年，浪费了家庭的有限资源。

几星期后，家庭的一个朋友提出一个解决办法：魏尔斯特拉斯应学习成为一名教师。他若能在邻近帕德堡的师范学校入学，就可为参加国家教师的考试做准备。这个年轻人请求那第二次机会，父亲同意了。他进入该学校。当魏尔斯特拉斯 24 岁时，允许他从师范学校进入大学并开始为参加国家考试而学习，通过该考试将会使他成为一名高中教师。

魏尔斯特拉斯在帕德堡主修的不是纯数学，但他选修了吸引人的数学教授古德曼（Gudermann，1798—1852）讲授的一些课程。

在这些课程中，他吸收了使他按新方式思考的那些深刻的数学概念。最终，古德曼的思想引导魏尔斯特拉斯得出将刻上他名字的宝贵的数学理论。

古德曼是从一个新方向研究椭圆函数的，这是很多其他数学家已做过研究的特殊幂级数。古德曼用他的完整方法为幂级数展开的函数理论奠定基础。这个理论含有用特定函数的理论 —— 无限和逼近给定函数的方法。这种幂级数展开，泰勒（1685—1731）、马克劳林（1698—1746）、斯特林（1692—1770）和其他人都已使用过。但古德曼使用的是古希腊潜无穷思想，即假设函数极限的性态当做是幂函数项的一个“无限”和。古德曼在使用他的新方法上没有得到很多结果。然而，他利用幂级数研究函数的光辉思想最终成为魏尔斯特拉斯一生工作（数学分析的发展）的关键因素。

古德曼在师范学校的课程开始有 13 人听课，但因为正被培养成为教师的人对纯数学没有什么兴趣，一周内此班级的规模缩减到只有一人：魏尔斯特拉斯。这个学生学习到的是如此之多，事实上，在他成为世界最伟大的数学家之一后，他从不放过任何一次机会来感谢他这位师范学校的老师的功绩。

1841 年，当他 26 岁时，魏尔斯特拉斯参加了教师认证资格考试。此考试长达 6 个月，要回答 3 个深广的问题。魏尔斯特拉斯要求其中有一个问题由古德曼出。此问题不是普通的考试题，而应是教师知道其答案，并能直接对学生的工作作出检验。古德曼的问题是一个困难的数学之谜，远远超出了未来教师需要的范围。古德曼要魏尔斯特拉斯推导椭圆函数的幂级数展开式——一个当时尚未解决的数学问题。

在他的最后报告上，古德曼关于魏尔斯特拉斯考试成绩所写的是："这个对一般年轻分析者非常困难的问题，候选者的回答得到了考试委员会的认可。"然后古德曼给他的明星学生一个特别认定，指出他解决了数学中一个先前未解决的问题，并对数学作出了一个原创性贡献。他接着说，魏尔斯特拉斯的这一成就对于科学之命运意义是如此之大，以致他不应是一个中学教师，而应被允许加入科学研究院的教授团队。古德曼的评价被官方的认证所扼杀。魏尔斯特拉斯成为一名中学教师，他教德文、地理、书法和其他对年轻学生有用的基本技能，直至他40岁。

15年里，魏尔斯特拉斯在德国小乡村的中学任教，那里没有可使用的好书，也难以找到智力追求的目标和激动人心的交谈。在那整个时期里，他只是在夜里孤独地钻研今日我们所知的数学分析现代理论的发展。他的薪水是如此之低以致买不起邮票把研究论文寄给科学杂志，当然也不能发表。他在与世界数学界隔绝的状况下工作着。

魏尔斯特拉斯的第一部出版物是他为学校公报写的一篇数学论文，这种校报经常刊登教师的文章。1854年，领导世界数学的克雷尔杂志（叫做《纯粹和应用数学》的德文杂志）出版了魏尔斯特拉斯的一篇论文，这是他送交出版的一部重要专著。一夜之间，默默无闻的中学教师变成一位数学名人。使柏林的数学家们郁闷的，不只是来自遥远乡村的无名教师获得的纪念碑性质的数学发展成果，而且事实上他们没有得到预示这个发现的任何先兆的东西。魏尔斯特拉斯一直在耐心地工作着，并且不出版那些引向他的杰作的早先结果，如其他人可能已经做过的那样。他等到他的工作全部完成后，才把它完整出版。结果是立竿见影的——魏尔斯特拉斯被授予柏林大学的教授职位。为支持这个决定，其他研究院相继授予这位受宠若惊的中学教师以荣誉博士学位。

在柏林，魏尔斯特拉斯继续着他的函数研究。他在柏林大学的有关函数理论的演讲是如此流行，以致演讲厅成为想要学习此课题的数学家聚集之处。魏尔斯特拉斯发展了古德曼的函数幂级数展开理论。一个幂级数是一个无限和。我们不能加无限多项，但当加上越来越多的项时，有限和就越来越逼近感兴趣的函数。即，函数级数收敛于需要的函数。这里，无穷的思想起着决定性作用，因为函数的和“变成”所希望的函数仅当它“达到”无限时。这是现代函数逼近理论的脊骨。魏尔斯特拉斯还发展了用于研究函数连续性的封闭概念，这就使用了芝诺和欧多克斯传统中的无穷。函数收敛的论证导致无理数是有理数序列的极限的严格定义。例如，有理数序列：1，14/10，141/100，1 414/1 000，……收敛到无理数 2 的平方根。

魏尔斯特拉斯在柏林大学的敌对者是克罗内克（Kronecker，1823—1891）。克罗内克来自富裕商人家庭，不需要像为了生活而工作的数学家那样。他作为年轻人对数学所显示的热爱使他获得教授职位，并放弃了他灿烂的商业生涯而转向纯数学。他认为音乐是最伟大的艺术——除了他喜欢的如诗歌般的数学外。克罗内克的 delta 函数，即指出当质量成立时等于 1 否则等于 0 的性质的函数，是他最著名的发明。克罗内克的兴趣在数论，1845 年在柏林大学他写了一篇有关数论的博士论文。他的工作受到了此大学另一著名数学家库默（Kummer，1810—1893）的推崇。

库默在数论方面作出了重要工作并使得对费马大定理的理解前进了一步。当克罗内克回到柏林大学后，他作为教授与库默共同进行了研究。克罗内克的处理代数域的论文来自高斯提出的问题。高斯想知道怎样把圆周分为 n 个等弧。这个问题导致克罗内克研究的某个方程。它们需要对代数理论的一种新理解。研究其中的方程及其解的代数领域，在某种意义上是与数学分析领域相对立的。代数领域处理的是离散的对象：整数、有理数（它是整数之比）和其他可列举数和安排的元素。另一方面，数学分析处理的是连续的对象：函数、数的区域，因而还有无理数（它是无限不循环小数）。由于这两个领域如此不同（直至今日仍然保留着）以致工作在这两个领域里的数学家趋于不同的思考方式：代数学家思考离散事项，而分析学家倾向于把数和连续统上的其他对象直观化。

给出了两个领域间的差别之后，就能想象现代分析之父的魏尔斯特拉斯与对代数作出重要贡献的克罗内克是搞不到一起了。这两人在其他方面也不同：魏尔斯特拉斯是一个强大威严的人，而克罗内克则显文弱。看到这两位数学家争斗的人们越过数学理论，总是用这些争吵的可笑地方来掩盖其实质，弱小者不断攻击着强大者就像大狗后总有追击的小狗似的。

克罗内克相信“上帝创造了整数，而其他一切都是人的工作”。他要让数学家都相信这话，应该仅处理代数的离散元素，他忽视魏尔斯特拉斯的重要进步及其同伴正在分析和应用的领域，比如几何与拓扑。

不知不觉地，柏林数学界的一个杰出的年轻学生康托，很快陷进代数与分析之间的激烈争斗之中。在几年内，克罗内克把他的全部恶意都转向这个新来者，使他成为他的主要受害者。克罗内克单方面用一个博士毕业生阻止康托获得柏林大学的一个职位，尽管没有人比康托更应获得这个职位。

现代数学分析中很多内容涉及函数的性态。数学分析的一个重要分支是连续函数的研究。一连续函数是一条可在其上的点连续移动的线，并在任何地方都不断开。如果一个函数定义为当 x 小于或等于 5 时等于 0，而对 $x > 5$ 的所有点则突然等于 1，那么就会出现一个撕裂。例如，像 $y = 2x$ 样的函数，没有这样的不连续：没有撕裂或意想不到的跳跃，因而是一个连续函数。连续函数有很好的属性。举一个由下面的故事证实的不动点原理。

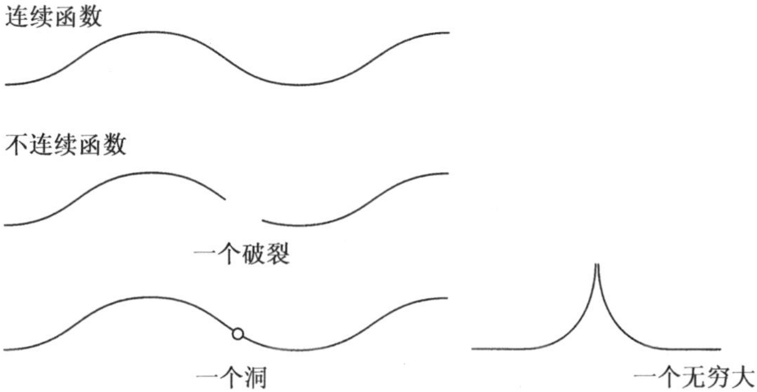

一个登山者决定爬上一座高山。他背着装有食物和其他必需品的背包，黎明（我们可假定是早晨 6 点钟）开始沿通向顶峰的单独的路径往上走。过些时间后，他停下来休息或欣赏风景，甚至按原路返回几步去闻一朵花或观看丛林里的飞鸟。黄昏时（假定是下午 6 点钟），他到达山顶。他放下他所有的东西，支起帐篷，并在顶峰度过一夜。第二天黎明时（早晨 6 点钟）他开始沿上山的原路下山，这次他也在过些时间后，在他需要的任何地点停一会儿，并在他上山时的不同地点吃了午餐，也有时返回一些路去看洞穴或有趣的奇石。也是在黄昏时（下午 6 点钟），这个登山者到达山路的底部。问题是这样的：是否必然存在这样的一个点，该登山者上山和下山到达这点时所花费时间是相同的？

19 世纪后期，数学家开始把他们的理论不仅应用到连续函数，而且还应用到不连续的较难理解的函数上：函数有时不同于从一点光滑运动到另一点而是从一点跳跃到另一点。这些“异常”的函数在如积分学这样的领域里——数学分析在此领域研究面积、体积和平均值——被证明是很重要的。这里，不连续函数被当做引向严密的积分概念的建筑砖石使用。为建立一个积分，数学家在某些情形下必须依靠收敛的概念。他们必须知道不连续函数的级数收敛于需建立积分概念的一个连续函数。阶梯函数是收敛于光滑函数的基本元素。

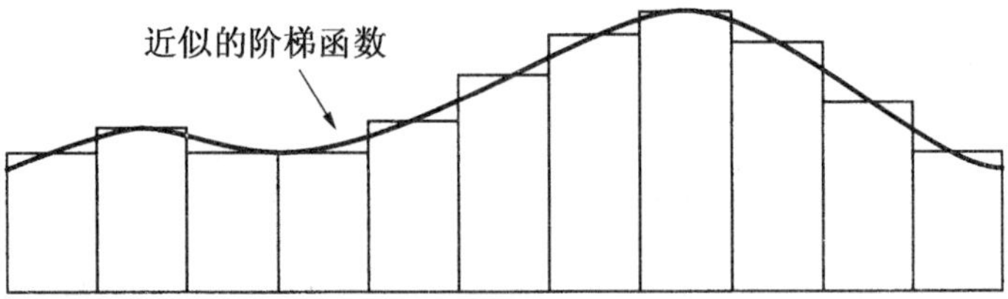

用不连续的阶梯函数当做光滑曲线的近似值，仅在阶梯函数完美地收敛于光滑曲线的情形才可以。而这种情形只有在阶梯函数的数目趋于无穷时才能发生。高斯自己仅相信这“潜在的”——不能到达的——无穷，一个想象的非常远的地方或不是现实物质的数。当我们有很多阶梯时，它们的总面积接近光滑曲线的面积，并且不需要“到达”无穷就可计算阶梯函数的极限。近似值可达到任意有限水平的精确程度。这对于高斯和他同时代的人来说已经足够了。牛顿和莱布尼兹两个世纪前发明的微积分学，其内容是带有潜在的、不能到达的无穷大概念。再没有人有更多的进展。

回答登山者爬山的问题：

下面的图形中，用 Y 轴（垂直轴）上的点表示登山者在上山和下山途中的位置，而上山和下山都是从早 6 时到晚 6 时时间，则用 X 轴（水平轴）上的点表示。注意，要解决这个问题仅需要走路函数的连续性（这样，登山者不能为少走一段路而从路上较高的岩石上跳跃到较平缓的低点）。

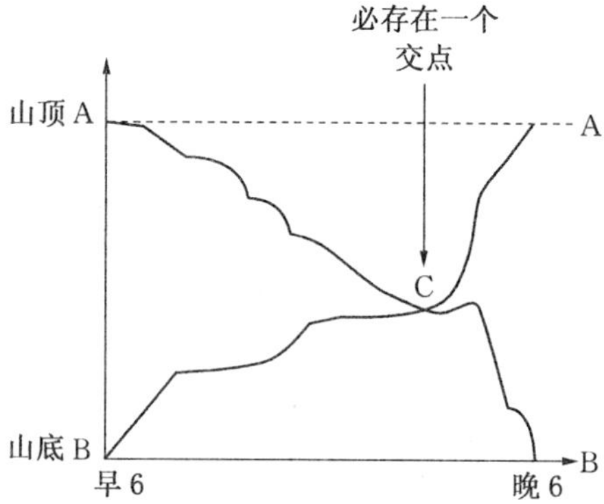

正如上山和下山曲线所表明的，不论这两个函数外观怎样（不论登山者在任何点走得如何快，不论是否停顿，甚至重复一小段路），路途中必存在一点，登山者在上山和下山途中恰用同样的时间到达该点。

直到 1870 年，柏林大学的数学系大学生课程都不允许妇女参加。但这未能阻止一个天才的数学系学生的到来。柯娃勒斯基（Sonja Kowalewski，1850—1891）生于莫斯科，15 岁开始学习数学。她听说在柏林有伟大的数学家魏尔斯特拉斯，他正在改变着数学分析的面貌，决定要在他的指导下接受教育。18 岁时她在莫斯科结婚，并在同一年离开家乡的丈夫，来到柏林见到了魏尔斯特拉斯。年长的大师魏尔斯特拉斯同情这个年轻的女士和她的抱负，并回忆起自己从乡村中学来到世界数学中心的幸运。

但他还不能越过当权者而允许她作为学生入学，他只能自愿在有空闲时单独教她。4年里，每个星期日魏尔斯特拉斯都在自己家里教她，并且每周一次在她的公寓里一起研究数学。但柯娃勒斯基却消失了。她突然决定返回莫斯科，把数学放置身后，过起一个已婚社会名流的生活。魏尔斯特拉斯写信给她，询问她的离开，并问她什么时候愿意回来继续她的数学研究，但她没有回答。接着，如同她的离去一样，她突然回到柏林。她对未回信向魏尔斯特拉斯道歉，并恢复了他们的研究。几年内，柯娃勒斯基就成为一个著名的数学家。在魏尔斯特拉斯和米塔格·勒夫莱的帮助下，柯娃勒斯基被授予斯德哥尔摩大学的教授的职位。她还因数学物理方面的工作，获得了法国科学院的一项数学奖。然而，在2年里，当41岁时，她因流行性感冒去世。柯娃勒斯基对数学分析做了重要工作，并且和魏尔斯特拉斯、黎曼以及其他数学家一起，为发展这一学科并给它带来近代数学中现在的地位作出了重要贡献。

我们所知道的关于康托生活的很多部分是来自他与柯娃勒斯基之间的通信，以及柯娃勒斯基与瑞典数学家米塔格·勒夫莱间的来往信件。

6. 化圆为方

魏尔斯特拉斯、黎曼、柯娃勒斯基和那个时代其他数学家所做的许多数学分析的工作都是围绕无理数这个中心概念运转的。什么是无理数？为什么它们如此重要呢？

在我们尝试把几何的直线与算术的数联系在一起以使线上的点看做是唯一的实数后不久，无理数就如魔术般地出现了。我们知道，能够赋予直线以数，从而有了两个数间距离的意义，以及点的先后概念——即两个点中有一个先到，然后第二个到。我们应可以把数变小或增大，表示为线上点的倒退和前进。如果 6 大于 4，那么用它们同时表示线上的点是很有好处的——我们应看到 4 在 6 的左边，并且可把两数间的距离直观化。

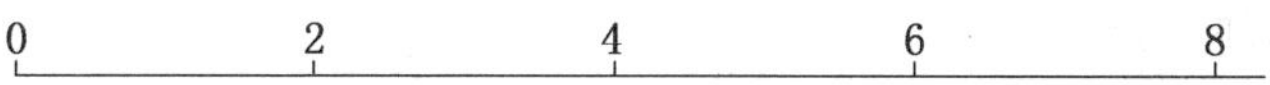

在此线上，我们也可把点与分数联系起来。0 与 1 之间是如 1/2，1/4，1/5 等等的数。在 1 与 2 之间是 $1\frac{1}{2}$，$1\frac{1}{4}$，如此等等。其他的数，像 $35\frac{8}{719}$ 以及所有的分数都很容易在数线上找到。但线的实际长度和意思并不是来自挤进线里去的数。甚至数线上一个凝聚着所有分数和整数——全体有理数——的线段，我们得到的只是有像筛孔样的无穷多个洞的线段，而不是像固体般的线。线的实际构造需要无理数。没有无理数，我们仅有无穷个点的集合，稠密但不是固体——不是一条线。

从数线上去掉所有的有理数留给我们的是一条全长的线，并且这线上有无穷多个洞。这条线的实际结构是神秘的：这线是无穷稠密、无穷凝聚的，具有一个无穷—交错缠接的结构。波尔查诺认为，使这连续统合在一起的是它的连通的性质，也就是这线的任何一部分——不论多么小的任何一个区间——都不能写成是两个不连通的开集的并集（不包括端点的一个数的区间是开集的一个例子）。正如康托将教给我们的，这实际数线上的数有很多复杂的结构，连通性仅是它的性质之一。

在无理数以自己的方式构建这条数线时，有理数在无理数集内是稠密的：不论你希望多么接近任何一个无理数，该无理数周围仍然有无穷多个有理数。并且反过来：在一给定的有理数的任一细小邻域内，都存在无穷多个无理数。这实际数线的结构与想象的不同。

数是有序的：给定任意不同的两个数 a 和 b，必有 $a > b$ 或 $a < b$。但这是一个难以理解的性质。给定任一数，不存在接下来的一个数。如果 b 大于 a，那么它们之间有一个距离。用 2 除这个距离并把它加到 a 上去，你就得到一个 a 和 b 之间的一个新数。例如，5.01 大于 5。数 5.005 在 5.01 和 5 的中间。现在又能在 5 与 5.005 之间找到一个新数，依此类推。显然，不存在紧接着 5 的“下一个”数。数是稠密的，从而总存在大于另一个数的数，所以当你从较小的数到较大的数时不存在下一个数。

要证明这由无理数而非有理数提供的数直线的结构时，我们利用类似芝诺不能离开房子的悖论的一个论断。回忆一下分析那个悖论时，用到的这样一个性质，取与门的剩余距离之半产生的无穷序列是收敛的：$1 + 1/2 + 1/4 + 1/8 + 1/16 + 1/32 + 1/64 + \cdots\cdots = 2$。这是一个重要的几何级数之和的数学性质。

有理数虽然是无穷的（康托已证明的一个性质），但有理数是可数的，或是数得出来的。无理数也是无穷的，但却不是可数的（康托已证明的另一个性质）。现在考察 0 与 1 间的所有的数。这个区间的长度，不打折扣应是 1 − 0 = 1 个单位。现在让我们除去所有的有理数。为此我们对每一个有理数都用一个细小的区间把它覆盖起来，像在每一个有理数的头顶上放了一把细小的伞。每一个数的顶上的伞的尺寸随每一个相继的有理数缩小一半。开始的伞的尺寸设为 ε（任意小的一个数，比如 0.000 000 01），所有这些无穷多个小伞的长度之和是 $\varepsilon(1 + 1/2 + 1/4 + 1/8 + \cdots\cdots) = 2\varepsilon$。因为 ε 是任意小的，所以 0 与 1 之间的原区间失去的总长度只是微乎其微的，剩下的原区间长度实质还是 1，与包含所有有理数时一样。由此我们说，数直线上的有理数有测度零。上面的推理是数学证明的一个例子。

一个数或是有理数或是无理数，并且这两类数在数直线上是无穷地混合掺杂在一起的。当所有的有理数都被除去后，数直线的整个长度仍然一样——无穷多的无理数比有理数多。

无理数本身又可分为几类。像 2 的平方根那样的数，是可表示为无穷 10 进不循环小数的无理数，从某种意义上说，还仍是可以把握的。这样的数称为代数数，因为它们是整数（原书是有理数。——译者注）系数的多项式方程的根。例如，2 的平方根是方程 $x^2 - 2 = 0$ 的根。因为这是系数为 1 的多项式的方程，其根是代数的。康托证明了代数数的集合与有理数的集合大小范围相同。非代数的无理数称为超越数。所有著名的无理数，像 e 和 π，都是超越数。这些是“真正”的无理数——它们不像多项式方程的根（或任何其他方式）那样是可数的。

数学中最著名的问题之一是古老的化圆为方的问题。这个问题实质上是对关于超越数 π 的阐述。

公元前 5 世纪在雅典住着一位名叫安纳萨格拉斯（Anaxagoras，前 428 年）的数学家和哲学家。这是希腊文化和成就全盛时期的毕里克利（Pericles，希腊政治家）时代，并且在此期间很多来自世界各地的智者生活在雅典。安纳萨格拉斯成为毕里克利的哲学教师。安纳萨格拉斯断言，太阳不是一尊神，而是天空中一块巨大的火红的石头，并且比整个希腊的毕罗波尼萨（Peloponnessus）半岛还大。由于这个异端邪说，安纳萨格拉斯被逮捕并宣判入狱。毕里克利为他教师的利益出面协调，并最终使这位数学家获得解救。

然而，在他被非法逮捕入狱期间，安纳萨格拉斯因试图证明一个数学命题而忙碌着。罗马历史学家普鲁塔赫阐述了安纳萨格拉斯在狱中试图解决的问题，并且他这篇著述为我们做了化圆为方问题的历史性描述。安纳萨格拉斯试图仅利用直尺和圆规作出一个正方形，其面积恰与给定圆相等。这样就诞生了历史上最难的数学问题，它耗费了大约 2 500 年来许多数学家的创造力。

这个问题，连同 3 等分角问题和倍立方体问题，大约是在同一时代提出的，是希腊从巴比伦和埃及留存下来的数学 3 大难题。追求这些抽象问题的解决是醉心于无实际应用价值或在技术、工程或其他领域没有用处的问题上的例证。安纳萨格拉斯化圆为方的问题是一种纯粹智力上的追求。

整个古代时期，有才能的数学家都尝试求解这 3 个问题。阿基米德许多关于螺线的著名研究是希腊人努力求解这些问题的一部分。亚历山大（320 年）以及后来的数学家也试图求解这些问题。格里高利·文森特（Gregory of St.Vincent，1584—1667）写了一本关于化圆为方和圆锥曲线的书。他错误地使用了一个不可分解的方法，导致他思考并获得了有一世纪之久的化圆为方问题的一个解决方案。

1761年，瑞士—德国数学家莱姆伯特（Johann H.Lambert，1728—1777）向柏林科学会提交了一个关于数π是无理数的证明。莱姆伯特实际证明了某些较一般的东西。他证明，如果x是任一非零有理数，那么tan x（x的正切函数的值）不能是有理数。[7] 因为tan（π/4）= 1是一个有理数，由此直接推出π/4不可能是有理数。因而，π自身也不能是有理数。这个π是无理数的证明没有解决化圆为方的问题。它能表明的是，无理性的方形仍可能用古希腊的使用直尺和圆规的方法作出，所以，至少在原则上化圆为方的问题仍有可能解决。

那时，提交的圆—方问题的解决方案已经如此之多，以至巴黎科学院通过一条法律，表示打算求解这个古代问题的方案不再由科学院成员阅读。

最后，1882年德国数学家林德曼（C.L.F.Lindemann 1852—1939）发表了题为《论数π》的一篇论文。林德曼证明了π不能是代数数——它不可能是任意一个整系数多项式方程的解。林德曼的这个证明是借助先证明任意的代数数x不能满足著名的方程$e^{ix}+1=0$而获得，该著名方程是多产的瑞士数学家欧拉（1707—1783）提出的。因为数π满足该方程，所以它不能是代数数。

为了化圆为方，需要能用有限个整数和有限次运算把π写出来。因为如林德曼证明的，π不能是任一有理系数多项式方程的根，所以化圆为方是不可能的。林德曼对他解决这一古代问题的结果十分得意，他转而去证明费马大定理。但他的证明失败了。

不是代数数的无理数是超越数。数直线上的数大多数是超越数。代数数和有理数有无穷多个，超越数是更高级别的无穷多。如果你随意地在实直线上“选择”一个数，那么这个数是超越数的概率是1。非常不走运时才可能选择到一个有理数或代数数——尽管它们有无穷多个——因为超越数占压倒优势。这样随意地在实直线上选择一个数恰是有理数或代数数的概率几乎为零。从一个数的无穷集合中是否能实际选择一个数是一个重要的问题，我们以后还将讨论它。其他两个古代难题也是不可解的。

有一个观察有理数和无理数的有趣方法。下面二维坐标显示了整数0，1，2，3，4，如此等等。我们现在画从原点（0，0）发出的射线。如果一条射线——从原点向无穷远延伸的线击中坐标表示

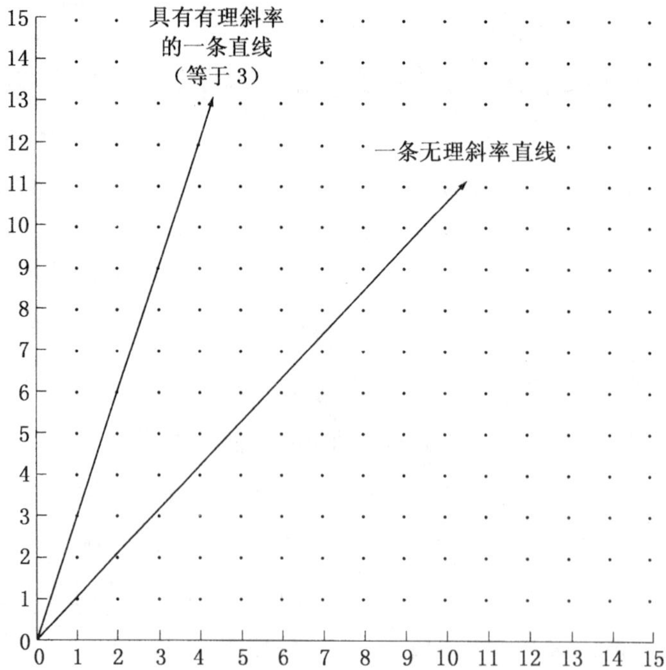

的一点，那么该射线的斜率是一个有理数。否则，射线的斜率是无理数。

我们如何知道存在着从不击中黑点表示的任一点的直线呢（也就是，我们如何知道具有无理数斜率的直线确实存在呢）?

取一直径等于1的圆。它的圆周等于π。把这圆展开成一条直线，然后在水平轴的点1上垂直竖起它。连接这圆周线的终点和原点将是一条斜率是π的射线。这条射线决不会交到黑点中的任一点。

7. 学　生

乔治·康托（Georg Ferdinand Ludwig Philipp Cantor）1845 年 3 月 3 日生于俄罗斯的圣彼得堡。他家庭的根在哪里仍隐藏在神秘之中。他的父亲乔治·魏特曼·康托生于哥本哈根。从他的丹麦护照看，他 1809 年出生，但在海德堡的他的墓碑上却记着他生于 1814 年。我们确切知道的是，1807 年他父亲的家庭是由于哥本哈根遭到英国的围攻而迁往圣彼得堡的，并在英国炮轰期间失去了房屋和财产。此事的一个结果是乔治·魏特曼·康托的一生充满着反英情绪。

康托的父亲是一个虔诚的路德教徒。母亲鲍约姆（Maria Bohm）生于一个罗马天主教家庭。1842 年他们在圣彼得堡按路德教仪式结婚。然而，我们知道这个家庭有犹太血统——极可能是父母两方，尽管仪式是按父亲方的，正如他的名字“康托”所暗示的。在康托后来给一个朋友的一封信中写道，他有“以色列的”祖父母。祖父母是乔治·魏特曼的丹麦的双亲：雅可比·康托和他的妻子，其未婚名字是梅耶（Meier）。康托和梅耶都是普通的犹太人名字。相当可能鲍约姆方的祖父母也是犹太人。[8]

康托是其父母 6 个孩子中的长子。1863 年康托的弟弟路易斯移民到美国，在一封保存下来的那年他从芝加哥写给母亲的信中我们发现这样的句子：“……我们是犹太人的后代。”这就支持了数学史家贝尔（E.T.Bell）有关康托父母双方都有犹太血统的断言[9]。康托是否是犹太人无论是血缘上、信仰上或是价值观上——在我们的故事里起着重要的作用。

1856年，由于潮湿的波罗的海气候加重了父亲的肺病，康托随全家搬到德国的法兰克福。然而，几年后乔治·魏特曼仍死于肺病。魏特曼先前在圣彼得堡时，有自己的一个成功的国际批发公司，商业利益直达欧洲、美国和巴西。他在德国退休时，安排考虑了家庭的未来。魏特曼在法兰克福过着舒适退休生活的同时，花费大量的时间给他的儿子乔治写信，乔治那时离开他在大学预科读书并且后来生活在瑞士。这些信帮助指导年轻的乔治安排他一生的事业。

康托有很高的音乐才能并且他的不少亲属会演奏各种乐器和讲授音乐。乔治·魏特曼的堂弟格里姆（Joseph Grimm）是俄罗斯著名的皇家宫廷的管乐演奏家。在他的母亲鲍约姆方面的亲戚中，康托与约瑟夫·鲍约姆关系密切，后者是维也纳音乐学校的创立者和校长。康托是伴随音乐和艺术长大的，并且他也一直保留着他幼时即显露的绘画才能。康托的一个叔叔是喀山大学的法律教授，他改革的法律制度后来帮助了俄罗斯革命。他的学生之一——我们怀着深爱指出——是托尔斯泰。

康托年幼时进入法兰克福一所私立学校学习，15岁时进入一所大学预科学校学习。在进入这所大学预科学校的早期，魏特曼给儿子的一封信中写道：

"我用这些话结束我的信：你的父亲，毋宁说你的双亲和在俄罗斯、德国、丹麦的所有家庭成员都睁开眼睛注视着你这个长子，并且期待你能超过赛弗尔（Theodor Schaeffer），上帝保佑，也许不久一颗耀眼的新星将出现在科学地平面的上空。"[10]

赛弗尔是康托在大学预科学校的老师，并且在父亲眼里显然是他儿子未来成功的典范。康托保存着父亲的这些来信，从父亲的话语中仿佛可以汲取克服整个生命道路中的困难所需要的力量。

在还是个少年的时候，康托已爱好数学。15 岁时他希望集中精力学习数学并寻求父亲的赞同。1862 年春，在他作出这个决定后，他给他父亲写了一封信：

"我亲爱的爸爸！

"你能想象你的来信是怎样使我感到无比幸福吗？它决定我的未来……我意识到我的责任和我的希望，是继续不顾一切地为一个目标而战斗。"[11]

他父亲后续的来信确实是鼓励他学习数学以及物理的。在一封信中，他表达了希望他的儿子也能研究天文学的愿望，重新拾起他能用望远镜观察天空、为无穷无尽颗星星而惊奇的梦想。总之，魏特曼向康托清楚地表示了希望他的科学努力获得成功的强烈愿望。他也影响他的宗教信仰。有人认为，专横的父亲和温顺的儿子之间的关系导致了这个年轻人后来精神问题的产生。

1862 年 8 月，康托参加了大学入学考试，并以高分通过，取得了在这所大学学习科学的资格。康托在精密科学方面的学习表现比地理、历史和人类学更好，因此他决定集中学习科学。

那年末，康托开始在苏黎世的工艺大学学习数学。不久他成功地转到更有声誉的柏林大学就学。这为他提供了向世界级巨匠学习数学的黄金机会。他选读了魏尔斯特拉斯、库默和克罗内克的课程。虽然他参加的任一科目成绩都很优秀，但更吸引他的是数论。1867 年，他写出了一篇关于此领域的光辉论文。康托的论文是讨论

哈雷大学的主楼

高斯研究过的数论中的一个问题的。此后，他继续研究这个高斯的理论，并在此课题上作出了重要贡献，它们都发表在此后几年的数学杂志上。

在获得博士学位后，康托得到哈雷大学为他提供的第一个职位——私人讲师。德国大学的这一入门水平的职位，是担任指导各处的付费私人学生的家庭教师。康托花费大量的业余时间进行大强度的数学分析的研究，这种研究受到魏尔斯特拉斯的影响。此类研究工作导致了他与柏林大学著名教授克罗内克的直接冲突，造成漫长的一生的对抗。

在哈雷，康托开始在魏尔斯特拉斯方法的基础上研究函数，这个魏尔斯特拉斯方法导致他获得收敛的概念。他深深沉浸在数学中一直习惯使用的潜无穷的概念里，潜无穷概念最早自希腊始，后得到改善，并由柏林的分析学家把它模式化了。

8. 集合论的诞生

在哈雷，康托安稳地生活工作在一个二流科学研究环境中。这里，数学系的会议里没有什么新思想和新概念讨论，也缺少杰出演讲者吸引人的新研究课题的精彩演说。

这时，康托与沃丽·高特曼结婚了。高特曼是康托姐姐的一个朋友，来自柏林的一个犹太人家庭。两人在柏林相识并一起到哈雷，于 1875 年结婚。他们依靠康托的政府薪俸略微提高了家庭生活水平，这种薪俸明显少于柏林大学给教授的补贴。但正是在这里，在德国的一个小城市，康托建立了自己的一套完整数学理论。

在优秀数学家的范围内，做得最好的工作是数学研究。研究成果的共享和思想交换使得新理论得以发展和兴旺。孤立工作是困难而进展缓慢的，并且当不与同行分享思想时，一个数学家很可能进入许多死胡同而迷失方向。但乔治·康托却是人类文明史中仅靠自己单独研究就建立了最惊人理论的人之一。

康托在柏林从魏尔斯特拉斯那里学到了一些重要的、强大的数学分析的思想，他把这些思想带到了哈雷。在从魏尔斯特拉斯最好的数学课程之一的函数论课程那里，康托已经明白了一个能确定极限的概念。魏尔斯特拉斯在教学中阐述了他已经加以发展的波尔查诺的极限和无穷序列的概念，以及对一个古老发现提出的很有洞察力的定义：无理数。波尔查诺、魏尔斯特拉斯两个人相互独立地发现了基于极限和空间性质的趋近无理数的方法，阐述了有限空间内的一个无穷序列必在空间内有一个极限点的理论。

在建立于古希腊思想基础上的波尔查诺-魏尔斯特拉斯的框架内，我们定义无理数为一有理数序列的极限。从这序列的数到作为极限点的无理数的距离保持逐渐变小。这是与房内一人绝不能离开房间的芝诺悖论相似的一个机械化观点。这个人走到与门的距离的一半时，还余下一半的距离，如此等等可直至无穷。这里，门作为一个无穷有理数序列的极限是能到达的。

康托在柏林时，他的工作停留在魏尔斯特拉斯的传统的影响下。在哈雷，他继续沿着这同样的路线追踪数学分析。魏尔斯特拉斯，这位因名声大而获教授职务的旧高中教师，那时不相信康托正打算出版的成果，甚至不喜欢他的学生在他的课上做笔记。一个原因是魏尔斯特拉斯的著作保存在他的一个瑞典学生那里，这个学生后来成为一位重要的数学家和康托的好朋友，他仔细作了笔记并把它们整理好带回斯德哥尔摩。这个学生是哥斯塔·米塔·莱夫勒（1846—1927）。

在数学家之间长期存在一个因米塔·莱夫勒而导致没有数学诺贝尔奖的传言。据说，诺贝尔很不喜欢数学家，并且为了阻止米塔·莱夫勒因他的数学著作可能获得诺贝尔奖，所以诺贝尔决定不设数学奖。数学家们因这一决定而受到集体惩罚（如果这算惩罚的话），此后，数学的最高奖项是菲尔兹奖，奖给被认为取得数学中最杰出成就者。

根据众人所说，米塔·莱夫勒不仅是杰出的数学家，而且也是一位有人类良知的正直人士。在康托处于最暗淡的时日里，没有人愿意听取他有关无穷的神奇思想，并让它们出版，但米塔·莱夫勒却在他的杂志《数学年鉴》照常发表了康托的著作。米塔·莱夫勒与一个富有的女子结了婚，并利用她家庭的财富支持数学研究。

1880 年，他在斯德哥尔摩的郊外建立起一座豪华别墅，并作为数学研究所赠给了数学家们（也许诺贝尔感到，米塔·莱夫勒为数学家所做的已足够多，多到不需要诺贝尔奖了）。米塔·莱夫勒在康托年轻时就知道他，认识到康托的伟大潜能——其他一些人并不完全赞赏——并且把康托早期的论文翻译为法文，通过出版它们使人们认识了他。

康托在哈雷的初期，还有另一个好朋友和保护人理查德·戴德金（1831—1916）。康托需要《数学年鉴》作为他的研究活动的展示窗口，因为由于克罗内克和库默的反对，其他的门窗对他都是关闭的。在柏林，支持康托在无穷上的新研究的仅有的数学家是魏尔斯特拉斯。这种相互之间的赞赏遍及了康托的一生。康托总是高度评价魏尔斯特拉斯和他在数学分析里的方法。1877 年康托写的一篇论文，在由克罗内克编辑的一份杂志上几乎遭到拒绝发表，是戴德金为捍卫康托的利益所进行的调解拯救了它。

康托第一次见到戴德金是他 1872 年在瑞士度假的时候。那时戴德金是在不伦维克（Brunswick）的综合技术研究院的教授。两人成为好朋友。戴德金是高斯最后一个学生，并且也生于不伦维克——高斯的诞生地。作为年轻的学生，戴德金对物理和化学很感兴趣，但 1850 年当他进入哥廷根大学，他产生了对数学的深爱。1852 年，戴德金 21 岁时，在高斯指导下写成关于积分的一篇论文并获得数学博士学位。戴德金在不伦维克综合技术研究院任教 15 年，并且显然是因没有得到提升而转到更好的高等学校。

戴德金对数学最伟大的贡献是在无理数以及它们的定义的领域内。戴德金发明了分割的概念。数直线上的一个分割是指能把所有有理数分成大于和小于一个给定数的两部分 A 和 B，使 B 的每一个

元素大于 A 的任一个元素。如果这分割自身没有定义一个有理数，那么这个数是无理数。例如，2 的平方根是一个无理数，是由这样的分割定义的，这个分割把所有有理数分成其平方小于 2 的有理数和其平方大于 2 的有理数的两部分。戴德金关于无理数的工作，离不开无穷概念，这自然使他成为康托的盟友。

戴德金活得如此之长以致在他生前报纸上有一篇文章无聊地列举他的死期。戴德金死亡的假讣告是如此之多以至于促使他给报纸写文讲述自己如何度过离世前的日子。他写道："我这些日子身体很健康，并且非常高兴能经常与我在哈雷的忠诚的老朋友康托通信交往。"

戴德金没有告诉报纸的是自 1899 年起的 17 年间，他再未从他的"忠诚的朋友"处听到片言只语。他们间通信中断的原因如同康托的个人情况一样复杂。两位数学家先前关系是很密切的，在私人感情和数学方面都紧靠在一起。两位数学家都是研究无理数和无穷概念的开创者。戴德金的分割是解决无理数问题的一个方法，康托的更广范围有关无穷的方法是另一个。在哈雷感到孤独的康托，自然渴望谋得在柏林或其他主要数学中心的一个职位；但此愿望未获成功，如此优秀的一位数学家——和他的朋友戴德金一样——只能加入哈雷的教授团队。

当一所德国大学有一个空缺的教授职位需要招聘时，随之有一套官僚式的繁琐手续。有空缺职位的大学的全体教授必须起草一份新的公开的候选者的名单。这名单要排定次序并上交给德国教育部。教育部然后考查这名单，如果同意名单候选者的次序，则把职位提供给提名第一位者。如果那位接受了此职位，那么整个过程就完成了。但如果那位谢绝，教育部就转而考虑名单中的下一位。如果所有提名者都谢绝，那么原大学的教授们将被要求再起草一份新名单。

乔治·康托是哈雷大学的数学教授，并且一旦有第二个教授的空缺需要填补时，他就有责任起草一份候选者名单。康托在哈雷其他人的同意下，把戴德金列为名单的首位，并将名单交给了教育部。这次戴德金礼貌地谢绝了。作为他谢绝的原因，戴德金提到了经济的考虑——不伦维克的职位让他有更多的经济自由。康托被他朋友的决定击倒，并在接下来的17年里两位数学家没再交换过一封信。也许这是后来岁月困扰康托的情绪不稳状况的最初征兆。与此同时，康托创立了集合（简称集）的数学理论。

乔治·康托提出的无穷概念——实无穷概念，优于数学家已用了一个世纪的潜无穷概念——不是来自直接考虑数而是来自直接考虑集合。康托是从考察数直线上收敛于极限点的那些点和数开始的。一集合的极限点是该集合的成员可任意趋近的一个点。他所考虑的这条线索来自魏尔斯特拉斯把无理数当做有理数序列的极限的概念。然后康托决定考察给定点集的极限点的集合。例如，一区间内的无理数的集合是该区间内的有理数的极限点的集合。他接着问自己这样的问题："我现在如果考察这极限点的集合的所有极限点的集合，那么将会发生什么呢？"并且按此方式他继续向前推理。给定一个集合 P，他称它的极限点的集合为导出集 P'。现在，这个极限点集合的极限点的集合记作 P''。由此他得到 P'''，P''''，……，$P^{(无穷)}$，……康托又感兴趣地提问："什么时候作出的导出集合变成空集合呢？如果这发生过的话。"也就是说，是否存在不能引出更多极限点的情形。但使康托着迷的不过是继续不断构造导出集的过程，从无穷集开始并继续经过更多的无穷集。最终，这一谜题引导他到达他的研究的关键之处——他关于对无穷自身性质的一生的研究。康托关于无穷的不朽的工作是以对集合性质的研究开始的。由于康托是历史上系统研究实无穷的第一人，他被举世公认为集合论之父。

可以肯定，朴素集合理论在康托之前有它的长远起源。任何时候我们利用集合理论可按这一初步方法把事物分类。在波尔·阿·赫尔莫斯（Paul R.Halmos）的经典读本《自然集合理论》中，他写道："一群狼、一串葡萄或一堆鸽子都是集合的例子。集合的数学概念能当做所有已知数学的基础。[12]"并且事实上，我们今天称为数学的基础的是包括集合论和逻辑的一个完整体系。从像葡萄或狼那样的事物——一个总体的元素——开始，可以构筑起近代数学的完整体系。伟大的意大利数学家皮亚诺（Giuseppe Peano，1858—1932）利用集合论以一个巧妙的方式定义了数的概念，正如我们即将看到的。

从一个集合、一个事物或人员的总体的概念开始，利用集合的运算可以构造其他的集合。这些运算对应于词语"和""或"以及"非"。两个集的并集是属于这个集或另一个集（或同时两个集）的元素的集合。两个集的交集是既是这个集且是另一个集的元素的集合。不属于原集合的所有的点组成该集的补集。利用这"或""和"以及"非"运算，我们可定义一个在计算机科学中很有用且有趣的集合运算法则（在是—否布尔运算的范围里）。此法则归功于奥古斯特·德·摩根（Augustus De Morgan，1806—1871），他是英国科学协会的奠基者之一。这法则说：

$$非（A 或 B）=（非 A）和（非 B）$$

这可用下面的图形加以证实。注视这图形并且你可使自己相信，*A*，*B* 的并集以外的面积，的确同时是 *A* 外且是 *B* 外的面积。

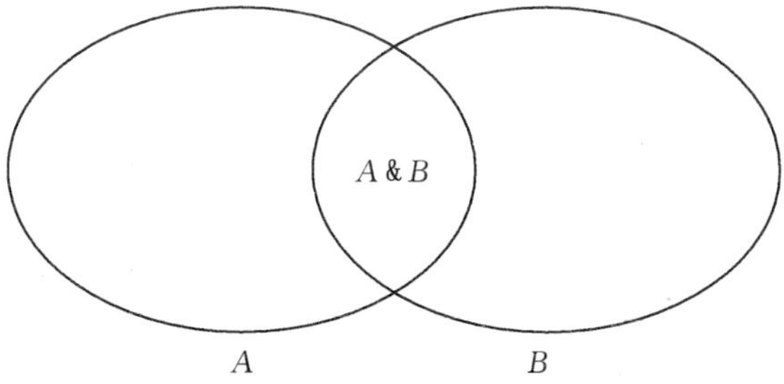

集合论中的一个关键要素是著名的空集合或零集合：不包含任何元素的集合。这空集合是无处不在的——它是任意集合的子集合。为什么？用反证法：若此命题不真，我们必能举出一个属于空集合但不属于原集合的点。但因为空集合没有元素，不可能举出这样的元素，所以命题是真的。

集合论中出现了悖论。因为集合理论连同数学逻辑的元素组成数学的基础，这集合理论的悖论使数学的整个基础发生问题。我们可能认为这是很难使人相信的、美妙的、看起来非常简单的，一个数和像加法乘法这样的运算组成的系统——儿童在小学学习的如此直观的元素——竟会隐藏着漏洞和逻辑毛病。但这就是数学。并且当把无穷加到这编织物上时，陷阱会成倍增加。

当乔治·康托开始发展他自己的集合理论时，把他的结果推广到无穷集合。今天，集合论处理的全是无穷集合。在发展他的集合理论时，康托在隐含使用着一组公理。

公理是必需的，因为它们给数学一个出发点。没有某种类型的公理系统，构筑任何由逻辑指引其发展和结果的，协调一致的数学是不可能的。提出公理系统的数学家中有恩斯特·策梅罗（Ernst

Zermelo，1871—1956）。1904 年，策梅罗为集合论建立了一个公理系统。这个系统后来加上了逻辑学家弗兰克尔（Abraham Fraenkel，1891—1965）的名字，以策梅罗–弗兰克尔集合论公理系统的名称而广为人知（ZF）。但 ZF 系统，与先前的一样，悖论并不是不可能的。

甚至在加重对康托实无穷的压力以前，这个系统的非协调一致已备受责难。这被关注和深沉思考着的集合论，对习惯于有限的人类心智来说简直是太广阔、太不可理解了，而得到公理化改善的集合论是可以接受和适应的。

但人们仍然在尝试；并且在集合论的严重悖论继续困扰人类心智的时候，如皮亚诺做的那样用集合论定义数的概念仍是有用的。19 世纪 80 年代初，皮亚诺开始研究如何从仅使用集合运算的集合概念定义数。他在都灵大学创立的数学学校中的工作帮助了他，那里包括很多有才能的数学家如布拉里 · 福提（Cesare Burali-Forti，1861—1931）和其他人。

皮亚诺为整个数学奠定了基础。由此基础我们不仅能定义自然数，也能定义有理数、实数，包括无理数、复数以及全部算术。皮亚诺从集合得出一个数系的优美推导证实如下。

皮亚诺首先定义零为空集合。然后定义一个包含空集合的集合。再定义这样的集合，它是包含空集合和那包含空集合的集合。这个过程可继续进行到无穷，从而可定义任何一个整数。借助这样的记号，皮亚诺的数系表示如下：

$$\varnothing，\{\varnothing\}，\{\varnothing，\{\varnothing\}\}，\{\varnothing，\{\varnothing\}，\{\varnothing，\{\varnothing\}\}\}，\cdots\cdots$$

（数 1，2 和 3。余下的可按同样方法简单地推广。）

所以在集合论不断受到悖论的困扰时，这个原理保存下来并继续形成整个数学领域的基础。康托的天才表现在，他能够到达实无穷并且从开始有集合就知道它的真实意义。他首先定义的集合是 P，它是起始的一个集合，然后导出它的极限点的集合。这里，集合必须是无穷的。有界空间内的一个无穷序列，如波尔查诺和魏尔斯特拉斯教给我们的，将有一个极限点。当存在多个收敛于多个点的序列时，我们可定义一个原集合的极限点的集合。接着康托考虑这个新集合的极限点，如此等等。这样很快他就掌握了一个由有无穷多个点的集合组成的无穷集合。

在这一点上，康托将胜过皮亚诺。康托研究的下一步，定义了一个数的新世界。这些数不是像皮亚诺已定义过的那些通常的数（现在称这些数为通常的）。全体康托的数超越了有限世界。它们被叫做超限数。这些数是数的概念向未知的、神秘的实无穷世界的推广。但在他通向这秘密花园道路上的其他冒险中，康托会遇到奇怪的、能扰乱结果的一个艰难原理：选择公理。

9. 第一个圆圈

著名的法国数学家庞加莱（Henri Poincare，1854—1912）曾说过，康托的集合论是一种病态，是某一天数学必将给以诊治的顽症。然而，作为回应，杰出的德国数学家希尔伯特（David Hibert）则说“没有人能把我们从康托已给我们打开的了乐园驱离”。康托进入的伊甸园似的无穷大之园确实开辟了数学的新纪元。正如但丁所描绘的，实无穷的神秘世界可通过把其想象为圆内嵌圆的一套圆而被直观化。每一个圆象征一定的高位——无穷大的一个较高的级别。所有这些无穷大的最低水平是由全部自然数 1，2，3，……组成的集合。

自然数可以计数，尽管它们是无穷的。不断计数只是一个过程，并不是真正计出数来，因为计数过程是没有终止的。由于自然数 1，2，3，……中一个数之后的数总能叫出它们，所以自然数能被数出来。这样，作为无穷大，自然数是可数的。在康托早期的科学生涯中，他使用一个巧妙的论断证明了有理数也是可数的。这样，正如伽利略所证明的平方数与整数一样多，康托也证明了有理数也与整数一样多。这个论证方法叫做有理数可数性的康托对角线证明法。

1874 年康托第一次使用了这个证明，但在 1891 年他改进了它，因为他担心 1874 年时若干隐含的技巧他还不很清楚。1891 年里，康托考虑到了这个证明方法在使他建立超限数的一个完整体系方面可能变得足够有效。康托的证明方法首先是把全部有理数按二维阵式排列如下。

```
1/1→2/1   3/1→4/1   5/1→6/1   7/1→8/1   9/1→10/1   11/1→12/1 …
     ↙    ↗    ↙    ↗    ↙    ↗    ↙    ↗    ↙     ↗     ↙
1/2  2/2   3/2  4/2   5/2  6/2   7/2  8/2   9/2  10/2  11/2  12/2 …
↓    ↗    ↙    ↗    ↙    ↗    ↙    ↗    ↙    ↗     ↙     ↗
1/3  2/3   3/3  4/3   5/3  6/3   7/3  8/3   9/3  10/3  11/3  12/3 …
     ↙    ↗    ↙    ↗    ↙    ↗    ↙    ↗    ↙     ↗     ↙
1/4  2/4   3/4  4/4   5/4  6/4   7/4  8/4   9/4  10/4  11/4  12/4 …
↓    ↗    ↙    ↗    ↙    ↗    ↙    ↗    ↙    ↗     ↙     ↗
1/5  2/5   3/5  4/5   5/5  6/5   7/5  8/5   9/5  10/5  11/5  12/5 …
     ↗    ↗    ↙    ↗    ↙    ↗    ↙    ↗    ↙     ↗     ↙
1/6  2/6   3/6  4/6   5/6  6/6   7/6  8/6   9/6  10/6  11/6  12/6 …
↓    ↗    ↙    ↗    ↙    ↗    ↙    ↗    ↙    ↗     ↙     ↗
1/7  2/7   3/7  4/7   5/7  6/7   7/7  8/7   9/7  10/7  11/7  12/7 …
     ↙    ↗    ↙    ↗    ↙    ↗    ↙    ↗    ↙     ↗     ↙
1/8  2/8   3/8  4/8   5/8  6/8   7/8  8/8   9/8  10/8  11/8  12/8 …
↓    ↗    ↙    ↗    ↙    ↗    ↙    ↗    ↙    ↗     ↙     ↗
1/9  2/9   3/9  4/9   5/9  6/9   7/9  8/9   9/9  10/9  11/9  12/9 …
⋮    ⋮     ⋮    ⋮     ⋮    ⋮     ⋮    ⋮     ⋮    ⋮     ⋮     ⋮
```

按上面图形里的箭头方向从一个数到一个数不断进行，产生一个有理数与所有自然数间的一一对应。这里 1/1 与 1 配对，2/1 与 2 配对，1/2 与 3 配对，1/3 与 4 配对，等等。

这样，任一有理数相对于一个自然数都被计过数（尽管有重复；例如，可以按样式 2/2，3/3 等等，出现的数 1 被计数无穷多次）。

此过程产生一个极为惊人的结果。在自然数或整数——包括零和所有负整数——彼此按一个单元分开的时候，有理数似乎有多得多的数，因为我们知道它们比整数更稠密地聚集在一起。有理数在实数集里是数学地稠密的，意指在实数直线上任意点的任一无穷小的小邻域内我们都能找到有理数。这个证明还很坚实可靠，并且得到不存在任何错误的性质：有理数与整数一样多。整数无穷大和有理数无穷大的级别是相同的。这就是无穷大神秘花园的第一个圆圈。

现在我们可能认为任意一个不同于整数的无穷集合都是可列举的。所有我们已经做的都是把无穷集合与整数一对一地配起来，从而与整数建立起一一对应的关系，证明集合中的元素个数与整数的个数一样多（无穷多）。但1874年康托证明了有比第一个圆圈更大的无穷大的圆圈。他证明了无理数集合是不能列举的。不可能找到在数直线上（无理数和有理数放在一起）的所有实数和整数之间的一个一一对应的关系。康托用一个有趣的方法证明了这个惊人的结果。

康托和他的朋友戴德金一起提出一种理论，假设缠绕交接在一起的实数比简单地把无穷多个数线形串在一起存在着某种更深刻的连续性。的确，无理数比起有理数和代数数（代数数是整系数方程的根，并且如有理数一样也是可数的）来是无限丰富的。像π和e（自然对数的底）那样的超越无理数的无限丰富的结构填满了有理数和代数数之间的所有缝隙，为实数提供了其连续性。在1872年给戴德金的一封信里，康托已提出一个有关超越数的问题。1873年圣诞节前夕，他得到了超越数（或更一般地，把它们包括在内的实数）是更高级别的，不可数的无穷大的一个巧妙的证明方法。

康托首先假设——恰如他在对角线证明方法中对有理数已做过的——存在一种方法可以枚举实直线上的一切数。康托开始只限于分析0与1之间的全部数。然后康托假设从0到1之间的实数能按次序枚举出来。接着他试图对这些数的每一个都匹配一个整数。枚举的第一个数匹配数1，枚举的第二个数匹配数2，依次类推。他假设从 0 到 1 之间的全部实数可如下表（这里并不要求按特定次序显示）列出：

0.124 215 674 378 954 3……

0.234 117 629 982 954 7……

0.776 398 239 654 661 1……

0.482 953 447 901 237 5……

0.034 810 943 216 298 4……

……

康托以上述方式把从 0 到 1 之间的无穷多个数无穷地枚举出来了。但就在那时，康托作出了一个奇妙的构思。他注意到他能构作这样一个对角线数，它是从上述无穷多个数的每一个中取一个数字，方法是第一个数取第一个数字，第二个数取第二个数字，并依次类推直至无穷。这个数是：0.136 91……

康托又使用了一个聪明的设计。他把上述的对角线数的每一个数字都加以改变。这样的变换是可以获得的，例如，对每一个数字都加上 1，他就得到一个新数：0.247 02……现在这个新数是不同于上面枚举的所有的（无穷多个）数的，因为它与上面枚举的每一个数至少在特别取定的那个数字上是不同的（因为 1 加在这个数字上）。由于康托创造的这个新数不同于上面枚举的 0 与 1 之间的一切数，所以这是不可能的。这就证明了整个实数集合的范围大于整数集合和有理数集合的（无穷大）范围[13]。实数集合究竟比整数集合大多少，康托没有说。

把所有实数全都枚举出来直觉上是不可能的。我们知道直线上的任意一个数的后面没有“下一个”数。直线上的数是无穷稠密的。

康托用上述的证明显示出存在着不同等级的无穷大。有有理数那类无穷大的级别，也有刻画直线上所有实数的另一类无穷大的级别。但是，在康托知道实数的等级是较高的时候，他不能说是否它是紧接有理数以后的“下一个较高的”无穷大，或是否有某些有趣的无穷大的级别。接着，康托将提出维的问题。

在做这些以前，康托决定必须尝试发表他的重要成果。康托晓得在柏林对他的无理数和集合方面的工作存在着强大的反对势力，因而他决定发表隐藏在一篇论文里的重要成果，该篇论文的题目未提示它可能引起争议的内容。他知道在这篇论文发表之前，不少数学家可能已研读过有关著作并寻找是否有任何的破绽。在这种情形下，他们试图让杂志的编辑相信不应发表该篇论文。特别是，康托成了克罗内克的眼中钉，后者早就对康托研究工作的合理性表示了极大的保留意见。

康托将他的论文命名为《论全部实代数数集合的一个性质》。当然，这篇论文是谈实直线上去掉可数的有理数和代数数集合后留剩的数的性质的。主要的结果是，这些留剩的数，超越无理数，不可能是可数的——它们的无穷大的级别是高于有理数和代数数的。这创造性的工作，连同论文被发表在那年年末的《克雷尔》杂志上。

10. “我看着它，但我不相信它”

1877 年 6 月 29 日，康托给戴德金写了一封信。他处于非常激动，甚至是完全惊慌失措的状态。他能数学地证明他刚刚发现的无穷大的一个性质，但这个结果是他完全没有预料到的。在他这封信里，他用没有特征的法文写道：“我看着它，但我不相信它。”（“Je le vois，mais je ne le crois pas。”）康托刚刚发现一个甚至使他震惊的无穷大的性质。

维的概念对所有数学家来说都是决定性的。欧几里得定义点是没有长度的；线是没有宽度的；而平面是没有深度的。一条线有长度，一个平面有面积，并且一个三维物体有体积。继续到更高维在数学里是很自然的，尽管我们的三维直观不能进一步继续。

点（0 维）　　线（1 维）　　面（2 维）

康托问自己一个问题：不同维的各种事物的无穷大的级别是怎样的？为了回答这个问题，康托诉请人们注意伟大的法国数学家和哲学家笛卡儿（Rene Descartes，1596—1650）所做的工作。笛卡儿是他那个时代的最著名的数学家，那是有很多伟大的数学家诸如巴斯加、费马和伽利略的时代。

1596 年 3 月 31 日，笛卡儿生于法国土伦附近的莱耳市。他的家庭属于贵族，但并不富裕。他是第三个孩子，并且他的母亲在他出生时去世。他父亲再婚，笛卡儿和他的兄弟姐妹是在一个家庭女教师的照看下长大的。当他还是孩童时，他就作为一个年轻的哲学家而闻名，因为他对周围世界充满好奇，总想搞明白事物为什么是它们现在的状态。笛卡儿 8 岁时被送到拉弗来什（La Fleche）的基苏特（Jesuit）学院受教育。

笛卡儿是一个瘦弱的男孩，并且身体不太健康。在学院时，校长想要这孩子的健康得到改善，所以允许笛卡儿早晨可以起得较晚，并且直到他感到能参加班级的活动时才下床。这个优待开始养成笛卡儿待在床上休息，并思考数学和哲学问题的终身生活习惯。在基苏特学院床上度过的岁月里，他的哲学和数学基础得到长足的发展。虽然在学院他也学习拉丁文、希腊史和修辞学，但他的头脑里总是徘徊着哲学和数学问题。

毕业后，笛卡儿转入普瓦捷（Poitiers）大学学习法律。他很快发现他对法律不感兴趣，他感兴趣的是了解世界。他首先迁往巴黎并且花费时间成功地进行赌博，赢得大量金钱。然后他到荷兰旅行并被培训成为一名士兵。他参加了好几次在荷兰的军事战役，并接着加入了为反对波西米亚政权而战斗的巴伐利亚军队。这支军队因在多瑙河的河堤上过冬而人数逐渐减少，而笛卡儿得以在床上度过他的时光。1619 年 11 月 10 日的夜里，笛卡儿做了 3 个非常奇特的梦。

在第一个梦里，笛卡儿看到自己被大风从教堂的一个安全的隐藏处吹往另一风力不再增加的地方。在第二个梦里，他看到自己正在观察一场猛烈的暴风雨，但这是通过一个科学家的眼睛在观察。这使他得以逃脱暴风雨袭击，因为他能了解暴风雨的特性和在某种意义下缓解暴风雨，不受其猛烈的影响。在第三个梦里，笛卡儿正在为奥索尼斯的一诗篇激动不已，这诗是以这样的话开始的：“我应跟随怎样的生活路径？”醒来时，笛卡儿心里充满了新的热情和某种神秘感。他作出结论，这些梦已经给了他一把魔幻钥匙，他用这把钥匙就能打开自然界的秘密并调节它的能量。

当笛卡儿发展了解析几何学时，他获得打开自然界秘密的钥匙之梦变成了现实。笛卡儿能把代数应用于几何，并由此找到一种把数规定为几何元素的方法。笛卡儿发现的坐标系统现在冠以他的名字——笛卡儿坐标系统。但这位哲学战士，用了另外的 8 年争取发表他的开创性思想，并同时继续参加各种欧洲冲突引起的小战役。

1620 年春，笛卡儿目睹了布拉格战争中的一次惨重交火，并差一点死去。在这期间，笛卡儿还有一个内心的精神冲突。他纠结于宗教感情和振兴科学之间，并意识到这两个领域之间可能的矛盾。在一场为沙沃叶公爵服务的小规模战斗后，笛卡儿来到巴黎进行了 3 年的深沉思索。像伽利略那样，在这些宁静的年份里，他花费大量时间借助望远镜寻找星星。但他没有得到什么天文发现，并且有可能仅为了深沉思索的缘故在寻星。

一位罗马天主教的牧师要使笛卡儿相信，发表他的科学和哲学发现是对上帝的责任。笛卡儿 32 岁时，他已确信这样做是他的宗教责任，并为此迁到荷兰，这是那个时期里出版印刷最多产的地方。笛卡儿在接下来的 20 年里往返游遍整个荷兰，并且实施一项具有欧罗巴人智慧的行动计划。他的最亲密的朋友梅森（Father Marin mersenne，1588—1648）是笛卡儿早年在基苏特学院已认识的一位牧师。梅森是一位数学家并且是现在著名的梅森素数的发现者。这两个人讨论了数学的和哲学的问题。

1637年笛卡儿的书《论科学中正确运用理性和寻求真理的方法》出版了，他由此以“近代哲学之父”而著名。笛卡儿解析几何的思想写在他的重要的书《几何学》(*La Geometrie*)里，该书是作为方法论的附录出版的。他另一本重要的书，《世界》(*Le Monde*)，是写给他的朋友默舍恩的。这本书是他试图为创造世界做科学讲解——是对吉尼斯的试图调和科学与宗教信仰的一本书的订正。此书出版前，笛卡儿收到伽利略被调查审判的消息。伽利略的书比《世界》(*Le Monde*)温和得多。这样，害怕有伽利略那样不愉快或更坏的命运，笛卡儿选择了撤回出版该书。这本书是在他死后出版的。

具讽刺意味的是，法国红衣主教里歇吕给笛卡儿一个从未有过的通行证，允许他在法国或国外出版他想要出版的任何东西。然而，在荷兰，抗议的神学家们认定他的著作如无神论者一样是有罪的。最终，他的书被列在教堂的禁书索引中。

1646年，瑞典女王克里斯蒂娜邀请笛卡儿作为皇家哲学家加入她的宫廷。笛卡儿喜欢他在荷兰宁静的生活，不愿意搬到瑞典去。但女王坚持表达皇家对他的崇拜和尊敬。最后，1649年春，女王派遣瑞典皇家车队特别迎接这位哲学家到达瑞典。

法国驻瑞典的大使在斯德哥尔摩的大使馆内为笛卡儿提供了一套公寓，笛卡儿接受了，并作为大使的特别贵宾住在这里。每天凌晨，一个皇家马车队来接这位哲学家，每天上午5时在宫殿温暖的图书室里他给女王讲授哲学课。这种严格的生活制度使54岁的哲学家付出了沉重的代价，1650年初他病倒了。他于2月11日逝世。20年后法国政府把他的遗体运回法国，并重新安葬在有法国最值得骄傲的逝者的巴黎伟人寺内。

笛卡儿解析几何的思想是古希腊人工作的一个延拓。古希腊人知道直线（或平面或一个较高维曲面）上的点和数之间有某种联系，但希腊人从未能揭示这种关系。笛卡儿天才地推广了这一知识。他发现的直角坐标系统为我们提供了研究曲线的数值性质和给定空间内函数的方法。笛卡儿把平面分为4个象限。这些象限相交的点叫做坐标系的原点。这一划分给我们以现在熟知的 *X-Y* 平面。在原点，*X* 和 *Y* 这两个值都是零。向右移动 *X* 的值增加，向左移动则减少。向上移动 *Y* 的值增加，向下移动则减少。这（无穷大）平面上的每一个点有一个 *X* 轴坐标和一个 *Y* 轴坐标。这一使平面上的点定量的方法是笛卡儿对数学和应用数学的最伟大贡献。

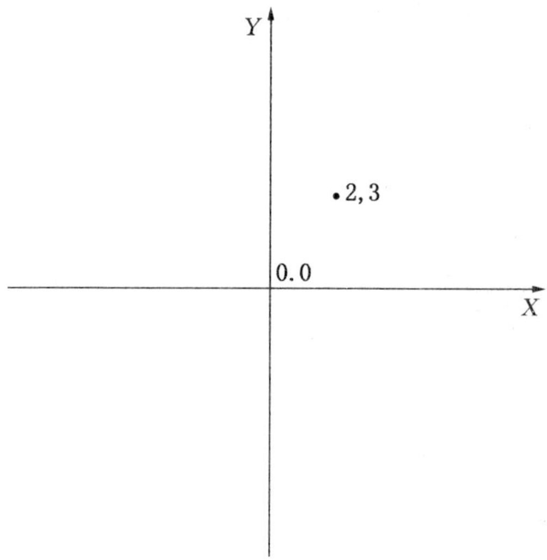

直角坐标系在科学中用处如此之大，以至于我们未能意识到它在日常生活中的很多重要应用。计算机和电视机屏幕上的像素都是按照直角坐标系被数字化的。当电子流不断通过电线时，它们被投影到一个二维屏幕上，使任一电子有一个准确的用特定的 *X* 和 *Y* 坐标规定的位置。地图的绘制是按同样的方法，只不过用东-西坐标和北-南坐标替代 X 和 Y 坐标罢了。许多其他技术发明也莫不如此。例如，设计汽车的计算机程序需要使用三维 X 和 Y 坐标系统。这里，除 X 和 Y 坐标外，还有一个 Z 轴坐标，这是度量通常的三维空间里的点的深度的。推广到多于三维也是可能的，尽管我们的直觉并不能帮助我们使这些更高维的空间直观化。

在数学中，以及在数学应用到的领域里，如统计学，我们经常要使用大于三维的情形。例如答辩者对 5 个问题的回答，可用考虑如何接近另一些答辩者的回答来分析，而这些回答被当做是五维空间（每一维相当于一个特定的问题）的点。这种分析，因为高维情形的不易直观化，是完美的具有数学意味的，并且经常导致有意义的结论。

康托在研究无穷大的性质时，使用了直角坐标系。他向自己提出了一个从他先前的研究随之产生的问题：平面上比直线上存在更多的点吗？还有，一般地，一个数学实体的维如何决定它所含点的数？如他先前研究所做，他选择考察 0 与 1 之间的数，知道这并不失去一般性并且结果可应用到整个数直线。他知道波尔查诺已证明任意一个数的区间与任一其他线段有同样多的数，所以考察 0 与 1 间的区间简化了分析并且没有牺牲结论的一般性。开始，康托在 0 与 1 间的区间旁边画出一个单位正方形。

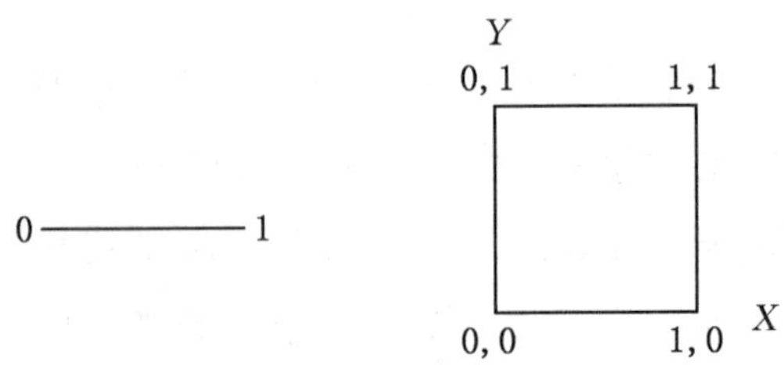

按照笛卡儿的思想，康托知道单位正方形内的任意一点可唯一地由两个数表示：它的X坐标和它的Y坐标。沿X轴0到1的区间上的点只用单独一个数表示。所有的数，不论是正方形的点的坐标对或是表示直线上的点的单个数，形状都是：0.234 165 734 984 51……，写成一般记号形式是$0.a_1b_1a_2b_2a_3b_3$……，因为它们都是0与1之间的数。康托想要试试能否在正方形上的点与直线上的点之间建立某种一一对应的关系。使他极为惊奇的是（因为他曾经以为正方形上的点一定比直线上的点更多），他竟然能建立起这样的关系。

正方形上的任意一点都可由0与1之间的一个直角数对表示（点的X坐标和Y坐标）：$0.a_1a_2a_3$……，和$0.b_1b_2b_3$……。现在，康托定义从正方形到线段的如下一个变换：这变换是交错取两个坐标的十进小数展开式的各个数：$0.a_1b_1a_2b_2a_3b_3$……。这产生了0与1之间的唯一的一个数。这样，正方形上任意一点（由一个数对给定）都有线段上的一点（由小数位各数交错取正方形点的X坐标和Y坐标的各个数字的数给定）与之相配。由此康托得到结论，平面上存在的点恰与直线上存在的点一样多。康托用类似的推理证明直线上的点数与三维的、四维的以及更高维的空间里的点数相同。这是一个令人尴尬和完全意想不到的发现。无穷大直到今天，维都无关紧要。任意一个连续空间，不论直线、平面或n维空间的点，都与连续统上的点一样多。从而正如康托以前证明的，所有这些空间的点都是不可数的。

维之谜题是在1874年1月5日康托写给戴德金的信中最先提出的。他问道：“有唯一一张曲面的地图（假使是包括边界的一个正方形）放在一条线（假使是包括端点的一条直线）上面，使得线上每一点对应曲面的一个点，这可能吗？”[14]康托接着说，他认为回答应该是“不”，因为曲面比线有较高的维，但还是值得试建一个对应来检验构造需要的变换的不可能性。后来，那年春天，康托到达柏林访问并询问很多熟人对这样一个研究有什么想法。他们都认为试图找这样一个对应是荒唐的，因为显然若干个变量不可能归结为一个变量。

在他成功地构造出线和较高维曲面间的一个荒诞对应的3年后，康托再次写信给他的朋友戴德金，宣布他的成功。他已经发现，n维的连续空间与线有同样多的点（具有相同的“势”——这是数学家用来描述集合间一一对应关系的存在性的）。他写道，他完全清醒地认识到这是一个非常有争议的发现，因为数学家们会很难相信它，并且它将扰乱很多几何理论。康托说，他看着它，但不相信它。

戴德金的回应令人非常好奇。他是一个现实主义者，并且知道对这种革命性思想的反对将会是迅疾而残酷的。戴德金为康托的证明向他表示祝贺，但同时警告他不要向传统数学思想做如此强烈的挑战，如康托在给他的信中所做的那样。他写道：“我希望我已表达得足够清楚。我所写的关键点只是要求，你不要论战似的公开反对普遍的对维的信仰，在我还没有给出经过深思熟虑的反对意义之前。”

11. 粗暴的攻击

直至 1871 年以前，克罗内克（Leopold Kronecker）仍很愿意指导在柏林大学的他的有光明前途的以前学生的工作，并为康托在哈雷寻找他的职位提供了帮助。克罗内克对康托处理三角级数的第一篇论文给他提出了建议，该论文中有后来叫做康托-勒贝格定理的内容[15]。康托对克罗内克所提供的机敏的技巧有深刻印象，并衷心感谢他从前的老师对他的所有帮助。

但一旦康托开始推广他自己的结果，并把注意力转向无理数和无穷大时，克罗内克变得格外焦虑不安。问题的开始仿佛是两人间的哲学观点不同。克罗内克总是反对数学分析的思想，并不断地与数学分析之父魏尔斯特拉斯发生争论。根据传统观念，克罗内克简单地拒绝承认无理数的存在，并且不相信圆不可避免会导致 π 的事实。就克罗内克而言，只有整数是真实的。其他任何东西都是捏造的。

因为今天任何一个儿童都会揌压计算器上的平方根键，并得到 2 的平方根（这个无理数的不尽 10 进小数从有限位截断所得的数），我们可能认为克罗内克——他不相信存在这样的数——是一个非常可悲的数学家。但实际上克罗内克是优秀的数学家，今天仍以不少重要的数学成果而闻名。他过去是一个伟大数学家的事实使克罗内克和康托的冲突越发富有戏剧性。然而他们的差别是深刻的——信仰的不同。克罗内克完全相信，整数以外的任何东西都是非自然的。对无理数的处理是一个反自然的行为。因讲授这些概念他指责康托是“年轻的堕落者”。[16] 与他对无理数的蔑视一起，克罗内克甚至对与无穷概念有关的任何东西都怀有敌意。

另一方面，乔治·康托深信无穷大是上帝赐予的。对于康托来说，无穷大是上帝的领地，并且它由各种层次组成——超限数。超过超限数，存在一个不能达到的，无穷大的终极水平，绝对无穷大。这绝对无穷大就是上帝本身。[17] 最底层的超限数是整数，有理数和代数数无穷大。超越数和连续实直线属于更高层次的无穷大。随着康托不断揭示无穷大和连续统，他和克罗内克的战争变得更加激烈更加个人化。

两个人，柏林的一位教授和现在哈雷的他从前的一个学生，试图缓和他们的分歧。康托喜欢到德国的哈芝山度假，这座山是哈雷向西一小时路程的小山脉。它的最高峰有 914 米高，并有大片的林区、草地和溪流。康托偶尔在这里的小乡村和哈芝山的聚会上会见其他的数学家，在森林宁静环境下一起共同讨论数学概念。他住在那里的某一天，鼓起他所有的勇气，给他从前的教授写了一封和解信，邀请克罗内克到他的山村聚会上来。对他的突然邀请，克罗内克同意了。

两人在哈芝山相会并讨论数学，康托尝试向克罗内克解释他的新发现和无穷大的理论。但最终两位数学家未能获得统一认识。他们的哲学观之间的鸿沟太深以致无法架起一座桥来。克罗内克不能接受存在无理数的思想，也不能接受连续统分析性质的真实性。两人分开了，和缓仅是表面，他们间的憎恨甚至更加厉害。

当康托打算尽快发表他的论文以证明维无关紧要和所有连续空间、线、平面，或更高的曲面，有相同的无穷大层次的时候，克罗内克积极地设法阻止这篇论文的出版。克罗内克反对数学分析中的很多结果，包括波尔查诺–魏尔斯特拉斯定理，并且他卖力地劝阻其他数学家发表用到这些定理或处理无理数和无穷大的结果。

康托把他的关于维的不相干性的论文寄给1877年7月12日的《克雷尔》杂志。编辑答应发表这篇论文，并且在柏林的魏尔斯特拉斯也答应帮助该论文出现在那杂志上。但康托没有收到证明，并且没有证据表明论文即将发表。康托立即怀疑是克罗内克在幕后采取了阻止出版这篇论文的行动。怀着愤怒，他向戴德金抱怨并询问他的建议。他应该撤回论文抑或是寻求到别处出版呢?

戴德金回答说，他应该等待并且不要对克罗内克太过在意。然而，事情完全相反，克罗内克的确是个嫌疑犯，他做了他能做的一切来推迟该篇论文的出版。克罗内克与那位编辑争论，说康托一直处理的是一些空泛的、纯粹虚假的概念。他争辩说，不存在超越数，数学公众不应为这种毫无意义的文章耗费精力。但是，次年这位编辑出版了康托的论文。在康托最后获得胜利的同时，他也由此明白了他的敌手因阻碍他的努力未能奏效是多么失望而深感震惊。康托再也没有给可敬的《克雷尔》杂志寄过一篇论文。他后来的研究工作将在别处，那些远离克罗内克的阴谋的地方发表。

康托倡导并继续着他的研究，是公开宣扬新概念和新思想的坚定教义派。他相信数学和哲学中的自由，允许任何人去追求来自不论何处的新概念。另一方面，克罗内克和他的追随者的数学则是稳妥而愚蠢的。这些保守思想者企图把全部数学建立在诸如整数和有限范围这些观念的基础上。他们要限制新概念，因为这些新概念危及他们的数学观。康托相信他们的任何限制都阻碍某个领域的成长，并且在给其他数学家的信中举出很多例子，指出一些新数学概念在遭到如他现在所面对的那样的反对的话，是绝不可能有机会获得发展和成功的。

但克罗内克和他的门徒是顽固的。魏尔斯特拉斯是一位受到高度尊敬的老资格教授。康托的地位就不同了。几年以前，他是一个学生，并且克罗内克和他的同事们是他的老师。从他们的观点看，他一直受到他们的照顾，没有权利挑战他的老师们的哲学。

康托做他自己的事很不容易。不仅是他坚持期待数学世界将包容他的无穷概念，还有就是他相信他属于柏林智者群。他被紧紧地与一个二流大学连接在一起，但他相信他是他那个时代真正了解全部数学的仅有的数学家。他期待有一天会被邀请担任柏林大学的教授。但克罗内克知道康托的弱点。他觉得如果他表示强烈的反对——并作出个人攻击——最终康托的梦想会破裂。

1883年9月，康托写信给米塔·莱弗勒（Mittag-Leffler）和法国数学家查尔斯·赫米特（Charles Hermite，1822—1901），倾诉他正在遭受克罗内克门徒们对他的打击，这种攻击现已转向个人。克罗内克正在诽谤康托，称他是一个江湖骗子，一个"年轻的堕落者"，并且说他的著作如同"胡说八道"。康托被围攻，孤独、悲愤，充满挫折感。在哈雷这个不起眼，远离数学活动中心的地方，他甚至不能进行有效的反击。12月，在他的工作受到进一步攻击后，康托变得更加愤怒。他要对克罗内克进行报复，并绝望地作出一个奇怪的计划。他现在确信他绝不可能获得柏林大学的教授职位，因为无处不在的、有权有势的克罗内克总会挡在道上。所以决定无论如何要申请当柏林大学的教授——目的只不过是要骚扰他的敌人。

这年底，康托把他的计划和可能后果写信告知米塔·莱弗勒。"我确切地知道这将引起的效果会是，"他写道，"克罗内克像被蝎子叮了一口样突然暴怒，用他还残存的人马一起开始这样的嚎叫，柏林已被转运到非洲的沙漠，我们在跟狮子、老虎和鬣狗做伴。看起来我已达到了我真正的目的！”[18]

但现在轮到克罗内克反过来打击康托了。克罗内克写信给米塔·莱弗勒，希望在期刊《数学年鉴》发表他的文章。几年前，克罗内克的行为已成功地把康托从《克雷尔》杂志上驱走。现在克罗内克又刻毒地试图把康托从仅有的对他的工作感兴趣的数学期刊赶跑。康托怀疑克罗内克的论文将打击他在《数学年鉴》上发表文章，这份期刊康托曾认为是他家乡的草地，如果这里不信任他，那将造成对他最大的伤害。在受挫折和害怕的情绪下，康托写信给他的朋友米塔·莱弗勒，吓唬说要停止寄文章给他。然而，克罗内克并没有寄论文给《数学年鉴》。克罗内克简单地假装要求在期刊发表文章就是为了骚扰康托。这个行动成功了。康托的回应损害了他与余下的少数朋友之一——米塔·莱弗勒间的关系。

康托为这些从没有机会获胜的一连串战斗，付出了健康受损的代价。1884 年 5 月，康托第一次得了精神分裂症，延续一个多月。当这个灾难发生的时候，康托仍在一个不可能的数学问题上努力工作着。但这个挫折让他感觉到已不可能解决这一问题，再加上他的另外的悲痛，可以肯定几乎是他得病的主要原因。

12. 超限数

根据那部“古怪和有趣的数的字典”中所述，鼓歌（Googol）是幼儿园一个小孩在黑板上写的一个数：10 000 00……0 000。这是1后跟着100个零的数，它是这个小孩认为的宇宙中最大的数。是这个小孩的叔叔，数学家凯特纳发明鼓歌的，他接着提出一个更大的叫做鼓歌普来克斯（googolplex）的数，它定义为1后跟着鼓歌个零的数。这样，一个鼓歌普来克斯是10^{googol}，它确实是一个非常大的数。[19]

这个命名越来越大的数的有趣游戏可永远地进行下去。我们假定定义一个非常大的数为$10^{googolplex}$，或$10\,000^{googolplex}$，或1后跟12个零的数的幂$1\,000\,000\,000\,000^{googol}$，或$googolplex^{googolplex}$，但它们都不可能成为“最大的数”。简单地说，其理由是不存在最大的数。给定任何一个数，我们必能加上一个数1——这就给了我们一个较大的数。所以最大的数是不存在的。数可走下去，一直到无穷远。请紧闭你的眼睛，想象这幅你在空间飞行的图景。在你的前头，你看见射向你的像断开的一串数形成的一条高速公路：1 138，1 139，1 140，……，2 567，2 568，2 569，2 570 ……永远总有越来越大的数。

乔治·康托的天才在于，他是想象力能自由奔驰，并且不被没有终点的概念阻挡住的那些顶尖数学家（波尔查诺也是，也许还有伽利略）。研究喀巴拉和基督神学的宗教学者可能已分享了试图想象神的无边无尽的勇气。康托的绝对无穷大和他的超限数支持奥古斯丁（Augustine）在《上帝之城》中描述的想象的上帝。奥古斯丁写道："任何一个他已知道的数都理解为不能被计数的。尽管数的无穷级数不能被计数，此无穷不在他理解的范围外。由此推出，任意一个无穷是按一个我们不能表达的方式使之对于上帝成为有限。"[20]

康托采用了奔跑到永远的数这样的事实，但没有我们不能抓住的某些东西，像没有尽头的那种概念。康托甚至没有如我们要做的那样，按一种方式看见或接触或感觉这些没有终点的数中的每一个的情况下，接受了无穷大的存在。他能接受比希腊和康托的同代人的潜无穷思想更好的实无穷概念。进而，康托愉快地认为存在不同类的各种级别的无穷大：一个大于另一个——我们大多数人沉思苦想后太不可置信的某些东西。要在心理上作出突破，康托需要一种描述这些无穷大的语言。他要给他的无穷大以名字。

康托称他的那些无穷大为超限数，除了他看作不能加以描述的绝对无穷大外。迄今为止，我们已经知道的仅两类无穷大：一方面是整数，有理数和代数数，以及另一方面较大的超越数（包括它们的整个实直线）无穷大。康托还知道大于这最初两类无穷大的其他级别的一个无穷大。这是定义在实直线上的全体连续或不连续函数的集合。[21] 康托现在需要寻找一种能表示这些他已经发现的各种级别的无穷大的符号，使他能从这个——或从他研究所遇到的任何新的一个——到另一个来区分它们。

首先，康托对有关他的超限数做一个假设。他假定有这样的一个数存在，它是无穷大但却是大于所有有限数的最小的数。康托的推理如后。他通过加上数 1 生成逐次增大的自然数：$3 = 2 + 1$，$4 = 3 + 1$，$5 = 4 + 1$，依此类推。当不存在最大的数时——我们总能对任何数加上 1 得到更大的数——仍有存在一个大于所有有限数的数的可能性。康托给他的第一个超限数取名为 ω，即希腊字母欧美伽。如果第一个数 1 是第一个希腊字母“阿尔法”，那么大于所有有限数的最小无穷大是“ω”。康托然后假设数的生成原理可自然扩展到超限数，允许他定义超限数 $\omega+1$，$\omega+2$，……，2ω，……ω^2，……ω^ω，……，依此类推。现在他有了无穷多个的无穷大，一个无穷大的谱系。[22]

不久，康托走得更远，他认识到为了发展他的无穷的理论，他需要新的定义和新的符号系统。康托现处在使用集合论思想来扩展数的概念的位置上。

一个集合的基数是对该集合所包含元素个数的度量。对于有限集合，基数就简单地表示该集合的元素的数目。一个含有 3 条狗的集合的基数是 3。一个电影院里 106 个人的集合有基数 106。全体整数的集合的基数是什么？所有有理数的集合呢？一个无穷集合的基数是什么？康托想要能定义一个无穷集合的基数。首先，他使用他的 ω 表示一个可数集合如整数集合的基数。他也使用我们表示无穷大的通常符号：∞。但很快他决定这些基数需要新符号。他决定用希伯来字母阿列夫 ℵ 来命名他的无穷大的超限基数。为什么他选择阿列夫？

19 世纪 80 年代，当康托的首个结果发表时，他的思想在数学家中有强大的阻力。克罗内克是反康托阵营的首领，而且其他数学家也不适应康托实无穷的思想。当在康托发表的著作中这思想进一步发展到包括各种级别的实无穷大时，这些传统势力变得甚至更激烈，许多数学家开始暴风雨般反对他这个异端。但康托的工作从一个意想不到的地方得到支持：罗马教皇。

教皇李欧（Leo）八世在他希望理解科学和在架设科学发现和教会信条之间缝隙的桥梁上作出了巨大努力。在1878年他被选为教皇后，李欧八世鼓舞的变革促成了教会内部更加开明的气氛。罗马教皇庭现在鼓励和支持研究自然界的规律。数学，特别是无穷的角色，被看做是在奥古斯汀（Augustine）的写作的光照之内，其获得的重要性在这个时期是被当做理解上帝的一种方法。

德国牧师伽伯儿特（Constantin Gutberlet）持有非同寻常的关于无穷的观点。像康托一样，他相信实无穷是人类心智能够思索的，并且这样的思索能帮助人们更接近神。

伽伯尔特在遭到其他神学家的攻击下，为了自卫，在他致敌对神学家的信中引证了康托论无穷的论文。这样开始了康托和牧师们关于无穷和上帝的意义的长期通信。但在后来19世纪70年代与神学家信件往来以前，康托已经相信无穷和上帝之间有强烈联系。康托最终成了一个宗教的仆人。他总是相信上帝，并在后来几年里——当他受到数学家攻击的时候经常说，上帝已经向他揭示了超限数的存在性。他知道这些数是现实的，因为“上帝已经告诉他是这样的”，并且他不需要进一步证明。但哪一个上帝告诉他超限数了呢？

伊弗（Ivor Grattan-guinness），一位英国数学史家，在他的论文“接近于康托的一部传记”中争辩说，应肯定康托不是犹太人。[23] 其他的传记作家像波耶尔和贝尔所写，康托来自一个有犹太人背景的家庭，并且从书里重印的康托兄弟的信里描述，这个家庭的父母双方都源自犹太后裔。伊弗好像已经有一个预期康托没有任何犹太血统的愿望，甚至提出这个家庭是西班牙或葡萄牙家庭的好几代的后裔，而康托的妻子来自一个柏林犹太人家庭。

我们知道，转变成为西班牙或葡萄牙的犹太人是几代人中的宗教秘密。玛莱诺斯（Marranos）强制改变成西班牙或葡萄牙的犹太人，成为基督教外的运动，但在家里他们偷偷加入了犹太教或至少遵循犹太人的习惯。他们中的大多数知道是希伯来人，所有的人知道他们是犹太裔。在私人信件里，像康托的兄弟所写的一封信，他们讨论他们的家庭传统和起源。

伊弗认为康托这个名字不是犹太人的，而是源自一个拉丁词——歌唱者。词 *cantor* 的词根的确来自动词歌唱，但特殊形式 *cantor* 比 Chanteur 或 cantante 较好，不只表示一种在犹太人集会上的歌唱者——康托。

15 和 16 世纪里，西班牙和葡萄牙的犹太人离开了亚平宁半岛，向北迁移，首先是阿姆斯特丹，并进而向东到德国和波罗的海俄罗斯。康托家的先人们很可能就是按此路径到达圣彼得堡、丹麦和德国的。他们保持着犹太家庭的名字和他们的传统，包括和其他犹太人结婚，如康托事实上所做的一样。当在外部加入基督教后，他们仍然精通熟谙犹太教，并且只有通过这样的一个传统，康托才能知晓希伯来字母。在欧洲没有其他的民族学习希伯来文。他们应该没有理由这样做。

亚平宁半岛的犹太人也知道喀巴拉。犹太教神秘主义诞生于西班牙，并且喀巴拉的大部分重要牧师都生活和工作在那个国家。随着西班牙和葡萄牙的犹太人迁移和散布到整个北欧，他们也带去了犹太教神秘主义的研究。恩·索弗的概念，上帝的绝对无穷大，是他们共同隐藏的传统中的重要部分。乔治·康托必然已经领悟到字母阿列夫作为上帝和他的无穷大的符号的角色。他告诉他的同事和朋友们，他为选择用字母阿列夫符号化超限数感到骄傲，因为阿列夫是希伯来字母表中的第一个字母，并且在超限数中他看到了数学的一个新起点：实无穷的开始。

但康托并不需要全部喀巴拉有关无穷概念以及它所联系的犹太传统里的符号阿列夫的知识。他需要并已具备的是犹太教祷告文宇宙的主人（Adon Olam）中最基本的内容。要熟谙此祷文，犹太人需要一天中背诵多次，主要背诵的是，上帝统治宇宙：既没有起点，也没有终点（*beli reshit*，*beli tachlit*）。因此无穷的概念对于有犹太背景的任何人，包括亚平宁犹太人都是熟知的。

康托假设了一个阿列夫序列的存在。他命名最低等级的无穷大，整数无穷大和有理数（以及代数数）无穷大的基数为阿列夫-零。它被写为$\aleph_0$。康托相信有后继的阿列夫。他知道无理数特别是超越数较有理数更多——它们不能与有理数建立一一对应关系——并因而必须用较大的阿列夫表示它们的基数。还有在实直线上的所有函数的集合又是更高等级的无穷大，所以又需要更大的阿列夫表示其基数。但是，康托不知道是否在有理数和无理数的阿列夫之间，以及在无理数和函数的阿列夫之间存在任何不同等级无穷大的阿列夫。此一问题在他生命的余下时间里出现过很多次。

不管怎样，康托提出了这样的假设，存在一个描述等级越来越高的无穷大的阿列夫的系列：$\aleph_0$，$\aleph_1$，$\aleph_2$，$\aleph_3$，$\aleph_4$，$\aleph_5$，$\aleph_6$，$\aleph_7$……[24]

在他相信越来越大的阿列夫存在的同时，并不知道它们的确切相互位置，也不知道阿列夫相互作用方式的某些有关事项。但康托发现了超限数算术。这里是康托透露的这个新算术的一些规则：

$$\aleph_0 + 1 = \aleph_0。$$

如果我们加 1 到表示整数无穷大的数上，我们仍将得到整数无穷大（或有理数或代数数）的数。加 1 到最低级别无穷大仍只是那个无穷大——这不能使那个无穷大到达更高水平。类似地，加任意有限数到表示最低级无穷大仍只留下那个无穷大：

$$\aleph_0 + n = \aleph_0。$$

现在，由伽利略的研究证明的整数的数目与整数的平方的数目相同（两个集合之间存在一一对应），我们知道两个阿列夫-零彼此相加给我们留下的仍是阿列夫-零（两个无穷集合相加如奇数加偶数是所有整数——一个其基数仍是阿列夫-零的集合）。一个类似的论断是，加所有的整数（它们的基数为阿列夫-零）到所有的分数（也是阿列夫-零）我们得到所有的有理数（仍是阿列夫-零）。所以我们有：

$$\aleph_0 + \aleph_0 = \aleph_0$$

并且类似的有：

$$\aleph_0 \times n = \aleph_0,$$

其中 n 是任意有限数。还有：

$$\aleph_0 \times \aleph_0 = \aleph_0。$$

并且，如我们在下章中将见到的，指数运算产生一组基数。康托因发现令人惊异的超限数算术的规则而自我陶醉。他现在有一个超限数的序列，它们自身的逻辑和它们自身的算术的规则。如果他能向其他数学家证明他的神奇理论的真实和美丽，他就会是一个幸运的人。但是，迄今为止，欣赏他的研究的仅是一些神学家。他们认为，数学家已经给他们理解上帝的无所不在提供了一个优美结构。康托已经在一级又一级的无穷个阿列夫上建立起一座神庙。这将是很难消失的一个可怕的类比，在每一个建立在前一个基础上的阿列夫的康托的结构和那期间流行的喀巴拉的一个直观想象之间的可怕类比。这是恩·索弗的层层相套的圆圈——也是用阿列夫表示的无穷大。

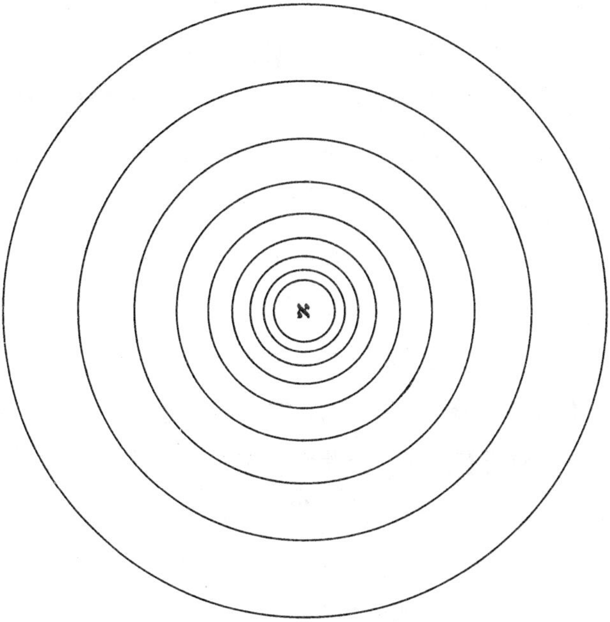

13. 连续统假设

康托现在渴望使他的阿列夫和它们之间的关系一致。他刚刚打开了通向使人神迷魂荡的超限数的花园之门——他现在想要知道它们的序。康托知道最小级别的无穷大的这个最小的超限基数，是阿列夫-零。从19世纪70年代他证明的一个惊人定理中他还知道，任意一个集合，不论它是什么集合，总存在一个更大的集合：原集合的子集合的集合。例如，考虑三个数的集合{1，2，3}。这3个元素的集合的所有子集合的集合是什么？它是从3元素的集合中人们能形成的一切可能的子集合所组成的集合（叫做原集合的幂集合）。这些是：{ }，空集合；每单个元素的3个集合，{1}，{2}，{3}；然后是一对元素的集合，{1，2}，{1，3}和{2，3}；以及原集合的所有3个元素的集合，{1，2，3}。这样，3元素集合的幂集合，原集合的所有子集合的集合，有8个元素。元素的个数可如$2^3 = 8$样获得。一般逻辑是，原集合的每一个元素有两种可能：被包含在一个子集合里或不被包含在一个子集合里，因此，3个元素的一个集合有$2^3 = 8$个可能的子集合。

康托知道，所有实数的集合，这实数直线的连续统，包含了整数集合的所有可能的子集合。每一个整数能被包含在或不被包含在一个10进小数的无穷位置的任意一个内。因此连续统元素的个数必须是2的无穷个整数的幂。因而连续统的基数是$c = 2^{\aleph_0}$。还有一个寻求它的较简单方法。

实数连续统上的每一个数有一个无穷10进小数展开式。这直线上的稠密分布的数中的每一个都可以用从 0 到 9 的无穷多个（且所以是可数个）整数表示。对于一个数的可数–无穷个位置的每一位置有一个且仅有一个数字：0，1，2 等。但我们知道不同进位的数的系统可相互交换。所以实直线上的每一个数可写为一个由 0 和 1 组成的可数–无穷序列（也就是，我们写出 2 进制的所有的数）。因此，对于任一给定的数，对那点的每一位置的数字有两个选择：0 或 1。对每一个数存在阿列夫–零个这样的位置。因而，实直线上的数的个数（连续统的基数）是：$c = 2^{\aleph_0}$。

形成幂集合——所有子集合的集合的运算总能产生比原集合大的一个集合，一个更大基数的集合。康托已经知道他的基数是没有终点的，因为对任意集合他能产生一个幂集合，并且这幂集合比原集合有较大的基数。所以当表示的集合是从一个集合到幂集合再到这幂集合的幂集合，依此类推，那么基数就越来越大。与通常的数一样，它们看起来没有终点——没有最大的基数。因为集合论中固有的悖论，最大基数的存在性问题将再次出现。

类似于连续统的基数 c 是借助整数的所有子集合的集合而建立的，人们借助考虑连续统上的数的所有子集合的集合，仍能得到一个更大基数的集合，它的基数必然是：$d = 2^c$。这个过程能没有终点地继续前进。康托就这样知道了他的超限算术的另一个性质：指数运算能改变阿列夫的值。回想下式：

$$\aleph_0 \times \aleph_0 = \aleph_0,$$

它意味着甚至一可数无穷大集合的基数乘以另一可数无穷大集合的基数仍然给我们可数无穷大。例如，作为所有整数的集合与所有有理数的集合的乘积所获得的仍是一个其基数为阿列夫–零的集合——一个与所有有理数集合有相同元素个数的集合。还可回想起“我看着它但我不相信它”的发现告诉我们，c 乘以 c 仍然给我们以连续统的基数 c。但是指数运算能改变一个集合的基数，并且康托的超限算术现在有了一个新规则：

$$2^{\aleph_0} = c$$

或，一般地，$n^{\aleph_0} = c$，其中 n 是任意一个有限数（2 是对于这种运算的最小的数）。

但是康托并不满足，尽管他刚发现了无穷大的完整新数学。他想要知道他的超限基数的顺序。他希望能够依序地把它们排定为：

$\aleph_0$，$\aleph_1$，$\aleph_2$，$\aleph_3$，$\aleph_4$，$\aleph_5$，$\aleph_6$，$\aleph_7$……依次类推。

特别地，康托问自己这样的问题：位于阿列夫-零和连续统的基数之间是否存在另一个基数，另一个阿列夫？如果对此问题的回答为“否”，那么康托就能简单地排定连续统的基数 c 的顺序为 $\aleph_1$。若不知道这个回答，他就不能排定他的超限基数的序，因为他不能告诉在 $\aleph_0$ 之后紧接着的究竟是哪一个基数。康托不能排定 $\aleph_1$，也不能排定大于 $\aleph_0$ 的任意阿列夫。

康托对于数学中什么是重要的有敏锐的感觉。他立即知道阿列夫的排序问题，以及位于 $\aleph_0$ 和 c 之间是否存在其他基数问题的极端重要性和深远影响。

直觉可能推断连续统无穷的顺序，基数 c 应当是 $\aleph_0$ 之后的下一个阿列夫。因为阿列夫的乘法只留下它们自己而指数运算能把它们变得更高，这使康托感觉在 $\aleph_0$ 和 c 间应该没有其他阿列夫。但是他必须证明这个假设。因为直觉在数学中经常未能把人们引向真理。某些数学家实际认为——并且有些直到今天仍认为——在$\aleph_0$和c间存在其他的阿列夫。但康托相信c是$\aleph_0$之后的下一个阿列夫。这样他相信$c = \aleph_1$。因为c已经知道等于$2^{\aleph_0}$，所以康托相信并希望证明的是：

$$2^{\aleph_0} = \aleph_1。$$

这一论断作为连续统假设变得非常著名。这个有关无穷大次序的假设是值得论证的全部数学中最重要论断之一。1908 年，这一论断被费里克斯・豪斯托夫（1868—1942）推广应用到广义连续统假设中的所有的阿列夫，经由指数运算把它与前一阿列夫联系起来：

$$2^{\aleph_\alpha} = \aleph_{\alpha+1}。$$

在写下连续统假设后，康托打算证明它。

康托已经导出了完整的集合理论，并且他自然相信他的理论对构造这需要的证明应给他以很好基础。他知道阿列夫有一个顺序，但他不知道为什么它不是他感觉的符合超限数逻辑的顺序。康托在若干年里几乎花费他全部的时间试图证明这连续统假设。这结果对他似乎那么自然，他确信不久将得到一个证明。

1884 年 8 月 26 日，在对此问题工作多年之后，康托给他的朋友，编辑米塔・莱夫勒写了一封信。信中描述了他因最终发现了“连续统能看做是等于第二个数类”。这是他用语言描述连续统假设$2^{\aleph_0} = \aleph_1$的方式的一个极不平常的简单证明而如何欣喜若狂。关于他的发现，他对他的朋友说，很快将寄给他一份详细的证明。

但两个月后，10 月 20 日，康托寄给米塔・莱夫勒另一封信，说他原来设想的证明是一个完全的失败。他心情抑郁，感到本来已很接近他的目标但却发现他的证明毫无价值。在从这个挫折中恢复之后，他把他的工作放在新的方向上。

11月14日，康托再次写信给米塔·莱夫勒，在这信中，他告诉这位瑞典数学家一个惊人的消息：他刚刚证明了连续统假设是错误的。康托现在相信连续统的基数不是第二个基数$\aleph_1$。他现在确信连续统的基数是在那任意一个阿列夫之后——$\aleph_0$和c间存在无穷多个阿列夫。

类似的信件继续着。康托一次又一次改变自己的主意，有时认为他已证明了连续统假设，然后又认为证明了相反的情形。他在致所依赖的一位出版界朋友的后续信件里写道，不得不撤销他的发现和收回他的定理使他很不舒服。也许这种困境和频繁的压抑感使他撤回了他早先寄给米塔格·莱夫勒的一篇论文。最终，康托未在《数学年鉴》上发表它。

过了几年后，康托继续他的与连续统假设若即若离的关系。他在几周高强度的工作后突然醒悟到他已经发现了此定理的一个证明。然后他发现了他的推导中的一个致命的缺点，几周后他突然肯定他发现了相反结果的一个证明。经过这次劫难，以及由于克罗内克继续不断的攻击变得更加严厉，康托逐渐走向精神失常。

如果一个数学家不能肯定他的工作结果——某些时候他认为已经发现了一个定理的证明而接着他又认为发现了相反情形的一个证明，那么似乎可能是这位数学家发生了某些错误，或至少有不合乎逻辑的地方。但今天我们理解到，康托的状态并不都是由于错误的推理造成的。康托所以不知道——不可能知道——正是因为他工作在一个不可能完成的问题上。康托更换肯定连续统假设为真和它的反面是真，是因为这里确实没有正确的答案。连续统假设和它的反面两者可能都对，也可能连续统假设和它的反面两者都错。连续统假设在我们现有的数学范围内是不能判定的。不幸，在康托 1918 年死后很久，我们仍不知道，不能决定，$2^{\aleph_0} = \aleph_1$ 是否成立。

在努力获得他的连续统问题的解的高潮时期，康托遭受了他第一次精神崩溃的痛苦。康托的命运与公元二世纪试图进入上帝秘密花园的教士真的非常不同吗？一个失去了他的生命，而另一个失去了他清醒的头脑？

14. 莎士比亚和精神病

我们以往猜测，康托的病可能是双重紊乱：交互作用的狂躁和压抑。某些心理医生已经观察到显示他复杂的迫害妄想狂的症状。贝尔（E.T.Bell）于1937年的医书中，用弗洛伊德方法，通过研究男人与他儿子关系追踪康托和他父亲之间的关系。贝尔强调说，一个很听父母话的孩子与一个要孩子处处服从他的威严父亲之间的关系会引起孩子的精神问题。贝尔的结论是，康托的狂躁和压抑症是他和老向他提要求的父亲间的关系的一个后果。

后来的学者提出，康托狂躁和压抑的发作及其他症状是他未能证明连续统假设所受挫折感的结果，这种挫折感因克罗内克加给他的痛苦而加剧。这些专家没有考虑到他父亲的作用，尽管纳摄利——研究这个问题的一位心理学家和数学家——给出了认为贝尔可信的一些论断。

今天，我们知道那双重紊乱不能简单“归因”于病人生活中的一个事件。产生疾病有多种因素，并且整个环境的变化并不如因试图解决一个问题未果，或因同僚批评受到伤害而加剧那样简单。判断精神疾病的原因是困难的，即使病人就在眼前。试图对已死去大半世纪，并且没有看到医院和诊断的完整记录的人这样做，实在是太困难了。

现代心理学已经发现，当一个人面对无法克服的困难时能引起狂躁和压抑。究竟是什么影响了康托可能已存在的精神疾病，主因必然应是，他错误地证明了连续统假设和他对克罗内克的粗暴攻击的愤怒。我们既从康托最初精神崩溃的定时发作又从康托向朋友和同事描述他情绪状况的方式上知道这一点。

康托第一次精神崩溃是他撤销在《数学年鉴》发表论文时立即发生的，当时正处在他加紧努力解决连续统问题的最高潮的时候。狂躁和压抑突然来临，并拖延了2个月，从1884年的5月到6月。6月21日，康托再次写信给米塔·莱夫勒。他描述了他的神经崩溃并说他已经康复。然而，他也表达了对是否能回到他的数学研究工作的怀疑。他的病使他反常，使他怀疑自己作为数学家的能力。

随后几年里，康托越来越频繁地发病，每次延续时间也变长。当病情严重时，康托要求入医院治疗。神经病痛常常是突然来临，并且绝大多数是在秋天。康托的病常以精神激动开始。其他数学家，德国教授、学者不论因什么激怒了他的瞬间，他都会咆哮。接着狂躁和压抑病就来临了。在那个时代，药物控制精神疾病的可能性是有限的，因而仅依据大多数症状采取措施。康托被要求泡热水澡，进行身体活动和休息。当症状减轻时，医生就送他回家。

康托第一次精神崩溃是在1884年的春末，与后一次不同：时间很短，比较强烈。康托的大女儿爱尔斯（Else）在他第一次崩溃时才9岁，她父亲的状态对她的影响是如此之深，以致在几年后萧恩夫拉埃写的康托的第一部传记里她回忆的病情细节非常生动鲜明。

爱尔斯和家庭的其他成员都因康托状态的突然改变而感震惊。康托精神非常紊乱。他撤销了工作而且也不能与其他人交流工作。这次打击之后，他花费几个月休息，恢复精力和稳定情绪。

那时康托可能已经知道他一直在追寻的无穷大的知识正遭到讨伐禁止，所以在他休息恢复的时期，他改变了有关数学研究和一般数学的想法。在他从精神崩溃中恢复的同时，康托经历了一个转变。他变成一位研究莎士比亚的学者。

康托开始研究英国文学和历史问题，虽然他的英语并不很好。他德语流利，有很好的丹麦和俄罗斯语的知识，所以英语是他的第四语言。一旦他从1844年的第一次打击中逐渐恢复过来，他就把他全部时间用来研究这些题目，这是当时他心中的一个目标。康托决定要证明弗朗西斯·培根（Francis bacon）是莎士比亚剧本的真正作者。我们不清楚只有有限英语知识和英国文学学识的一个杰出数学家，是因为什么和怎样确定这个目标的。不过，康托坚持找寻此一假设的证明。

也许康托那时一直在寻求从他的有严重困难的数学问题中逃脱。如果这是他的原因，它就提供了因解连续统问题的不可能性而引起精神疾病这个假设的证据。不过康托并未成功地离开连续统问题。他的确回来努力解决这个问题过。每当他这样做了，那么他的病就再次发作，需再休息几个月才能结束。从这样的严酷考验中重新振作起来后，他把注意力收缩到努力证明培根–莎士比亚假设上。

从连续统的噩梦中醒来后，康托打算离开数学系。他请求哈雷的行政管理部门把他转到大学的哲学系，但他的要求被拒绝了。他39岁受到疾病的第一次打击时，甚至放弃了在柏林大学获得一个职位的愿望。试图转换到哲学是他逃避仍限制在哈雷时的痛苦的可能方法。

然而，在随后的几年里，康托也离开了教学工作。他的精神疾病更加频繁并且每次延续时间更长。哈雷大学和柏林的权威机关对有病的康托是宽容照顾的。他们在康托入医院治疗期间给了他长期病假。

后来，康托逐步地收集莎士比亚的著作，以及任何有关莎士比亚和弗朗西斯·培根的信息。在给朋友的信中，他描述了他对培根的极大赞赏，看起来这样的感情使他渴望证明那不寻常的培根写了莎士比亚剧本的观点。康托试图参加一个会议，事实上这是给时间让学者和专家讨论他的观点的会议。夏朗德（Nathalie Charraud）讲述了康托的工作，和他受到的因努力证明连续统假设随之而得的精神疾病的打击。夏朗德相信，康托在他的第一次打击后，经历了一个完全是个人人性的转换，在某种意义上，他感觉他已经具备莎士比亚悲剧里的一种性格。

夏朗德告诉我们一个不可思议的小故事，是讲康托是怎样产生他的奇怪兴趣的。在康托访问雷普格城附近的一个古董收藏家时，他碰巧发现了一本有关弗朗西斯·培根的古书。他认为学者们还不知道这本书。该书称颂培根作为一个伟大的诗人胜过作为科学人。康托采用这个描述，证明培根确是一伟大的诗人，并导出培根已写出了莎士比亚剧本的结论。由于几年里克罗内克强加的痛苦的折磨，康托同情他心中构造的弗朗西斯·培根的形象。康托完全肯定这被他歪曲的培根形象，发起一个恢复值得赞扬的培根形象的运动，他相信培根应是写莎士比亚剧作的科学家。

1896 年和 1897 年里，康托自费出版了两本带有争议论点的小册子。在其中之一里，他写道："莎士比亚并非是不朽的；相反，培根才是不朽的。"夏朗德走得更远，并引申出这样一个类比，在康托的希望"向世界揭露一个真实的莎士比亚"和对他的同事表达的希望"向世界揭露一个真实的克罗内克"之间的类比。

随着他关于莎士比亚和培根的固执观念变得更强烈，康托的写作变得奇怪而更不合理。1899 年，在另一次试图证明连续统问题失败之后，康托很快遭受到一个新的打击——好像上帝因他尝试理解无穷大的真实等级而对他加重惩罚。康托在哈雷的纳文克立尼克（Nevenklinik）诊所进行了长期的治疗。他为他的科学研究和支持他请求的教育部长而勉强服药。当他于这年秋天从医院离开时，他向大学请求暂停工作，并获同意。接着他给教育部长寄去一封奇怪的书信。在这封信里，他说他渴望放弃哈雷的教授工作。他还说，只要不降低他的薪水，他愿意在某个地方的图书馆工作，为德国皇帝服务。他拒绝他的教授头衔，并说为能从德国大学的限制中解脱出来他愿意做任何事情。

在同一封信里，他自夸他有丰富的历史和文学知识，并已发表了有关培根-莎士比亚的文章。与这信一起，他还寄去他有关培根-莎士比亚问题的3部小册子，和9个他的讯问卡，在讯问卡上有他写的他家庭的历史和涉及他的对“俄罗斯的尼古拉二世的古老信任”。康托还写到，他有一个涉及能真正识别英格兰第一个国王的伟大的新证明。“这用来吓唬英国政府是不会失败的。”他加了一句。他要教育部长两天内给他一个回答，声称如果他的请求被拒绝，他将申请加入俄罗斯外交使团，因他生于俄罗斯，并要为尼古拉二世服务。

教育部长好像忽视了康托从精神病诊所出来后不久写的这封信。康托没有得到图书馆的职务，也没有加入柏林的俄罗斯外交使团。他仍然是哈雷大学的一位教授，但这是在因另一次入院诊疗而再次长期离开他的教学工作之前。大学和教育部的文档表明，官方对康托的每一次胡闹都努力处理好，只要有可能，就答应他的请求。他定期获得医药治疗，但有时他还公然表示对他的监管的抵抗，如他给柏林官方写的这奇怪的一封信。他再一次从医院出来，在莱比锡的培根–莎士比亚问题的会议上正发表讲演的时候，他接到他最小的儿子鲁道夫前一天下午死去的消息。这孩子才刚过完 13 岁生日。

鲁道夫是虚弱的，并在他整个年轻的生命过程中身体不好。他是一个天才的小提琴手，全家对他有着很高的期望，希望他有朝一日成为一个伟大的音乐家。康托在鲁道夫去世后，给他的朋友写了一封充满伤子之痛的信，他吐露他已后悔放弃音乐成为一名数学家，并说他很怀疑对自己一生事业的选择——无望地试图解决连续统问题的挫折，和继之而来的使他不幸和痛苦的精神疾病。他感觉他所选择的数学使他一无成就，空空如也。

令人惊奇的是，随着这一悲痛事件，康托的母亲也在同一年去世，康托被安排在医院又住了几年。另一次打击发生在 1902 年，在教育部门同情地保证他可以持续治病期间。康托在医院度过了一年中较好的时期。他在几个月里病情有所减轻，但这时已临近 1904 年在海德堡举行的第三届国际数学大会。在这次数学大会上，匈牙利数学家柯尼格（Jules C.Konig）宣读了一篇关于连续统的论文。柯尼格的文章争辩说，连续统的基数不是康托阿列夫中的任何一个。

当康托从最近一场精神疾病中恢复，他在两个女儿爱尔斯和安娜·玛丽的陪伴下，参加了这次数学大会。在听柯尼格论文过程中，他被激怒了。他的理论遭到如他所见的这种公开责难，他感到深受侮辱。他受迫害的感觉立即表现出来，并且康托不能看到在柯尼格介绍中的正常学者间的思想交换，这是这次大会所提倡的。康托再次感觉自己是在邪恶势力攻击下孤立的真理捍卫者。

根据萧恩夫拉（Schoenflies）所说，1904 年前康托已把连续统假设当做一个定则。[25] 他不再需要那困扰他多年的证明。就他而言，假设 $2^{\aleph_0}=\aleph_1$ 不是一个必须证明的命题。它是上帝说的话。康托向大学生描述的连续统假设恰是这些话，并且他相信上帝会从对它的攻击中捍卫连续统假设。

当宣读柯尼格的证明时，出席会议的广大的数学家似乎都接受了康托的假设——它已吸引数学家很多注意和研究——可能正在坍塌的想法。康托被蹂躏了。他感到上帝已背叛了他——他绝不允许任何错误能公然这样欺骗大家。当地出版物把柯尼格的见解描写成轰动的数学新发现就如同把盐撒在他的伤口上。根据道本（Joseph dauben）最近的另一本康托传记，对连续统假设的表面反驳，以及柯尼格论文对康托工作的其他含蓄反对，其重要性就如一个人听到数学家在向他解释新结果。

康托从来不相信柯尼格证明中的话，就他而言，连续统假设是真理。他确信柯尼格的证明里存在着漏洞，并且如他在他的工作遭到攻击后那样的神思错乱，他开始找到一个错误。柯尼格是有才能的受尊敬的数学家，在他的工作中找到一个错误应是困难的。康托立即怀疑有一个引理——柯尼格用来建立他的论断的一预先的结果——是错误的。并且的确，在柯尼格于大会上宣读论文后不多日，德国数学家策梅罗（Ernst Zermelo）(1871—1953）证明了，柯尼格已经不正确地使用了他所怀疑的这个引理。同年，1904 年，策梅罗建立起基于康托思想上的集合论的现代基础。策梅罗理论的一个关键假设是一个谜样的命题——选择公理。

在用柯尼格定理反驳不能建立连续统假设的同时，事实上康托或任何其他人都没有证明 $2^{\aleph_0}=\aleph_1$，策梅罗反对柯尼格的论断挽救了康托的关键假设，即连续统的基数确实是他的阿列夫之一的假设。这看起来康托是被挽救了——他的理论毕竟不再受柯尼格论文的破坏了。但康托仍然很烦恼。病和疲累还和从前一样，他现在被柯尼格的论文缠上了。他必须在柯尼格修改他的证明之前证明连续统假设并着手完全打败他。

具有讽刺意味的是，正当康托变得妄想症更加厉害和失去他对现实的某些感知时，在他的周围开始聚集了一群数学家，他们倾倒着迷于他工作成果的威力和优雅，竭尽全力来挽救康托的集合论。策梅罗就是这群人中一位关键人物，此外还有著名的德国数学家希尔伯特（David Hilbert）（1862—1943）。也许康托最终压倒了克罗内克对他工作的恶毒攻击，取得了胜利，并且获得了他所希望的注意。但康托的情绪仍不稳定。支持他的数学家们在大会后把他送进一个人多热闹的旅馆。一天，康托醒得很早并在早餐桌旁等待他的朋友。当他们到来时，他大声问候他们，用反对柯尼格的激烈言论欢迎他们。

对康托工作的兴趣已经扩展到先前的两次国际数学家会议上。康托在他女儿爱尔斯和捷露德陪伴下，参加了 1897 年在苏黎世举行的第一次国际数学家会议，听到一些第一流数学家对集合论价值的赞扬。很不幸，康托没有参加 1900 年在巴黎举行的第二次国际数学家会议。因为在这次会议上，希尔伯特提出了现在著名的“10 个问题”（后来扩充为 23 个问题）。这是他列举的他希望 20 世纪能解决的至今未解的数学猜想。这希尔伯特的“10 个问题”（和扩充的 23 个问题）中的第一个就是连续统假设。

可悲的是，当这巨大荣誉最终降临到康托无穷大的非正统工作的时候，康托正处于精神病发作时期。每当他患病时，他就会花很多时间分析培根-莎士比亚问题。1900 年初，他已经积聚起一个有关莎士比亚的著作和论文，以及培根的生活和思想的图书室。1911年，在他享受到他身体相对健康的时期，他实现了一个一生的梦想——他访问了英国，这是培根和莎士比亚的故乡。先前的1908年，康托曾答应一个英国数学家要寄给《伦敦数学协会》杂志一篇论文，但他从未写此论文。然而，他现已访问到达英国，并于1911年的9月作为被邀请的外国杰出学者要到苏格兰圣·安德鲁斯大学访问。他被邀访问数学系，并被期待会与人们讨论集合论和他在无穷方面的工作。当来到英国时，康托的态度非常奇怪。他不谈数学，而是讨论培根-莎士比亚问题，使他的主人们大为惊讶和难堪。康托随后令人失望地离开伦敦。

在伦敦，康托写给伟大的英国数学家和哲学家罗素（Bertrand Russel，1872—1970）一封信。那时罗素刚完成他的基本卷丛《数学原理》，这是与另一权威怀德海（A.N.Whitehead）合著的。因为这部著作试图把整个数学建立在集合论的基础上，康托切望会见罗素。康托寄给罗素的是混乱模糊的信，写的字一直到纸的边缘，写满从顶到底的各行，还超越行从左往右写。康托写了两封这样的信，但这两人始终未会面。[26]

在罗素的自传中，他选择发表了这样的信。他认为康托是19世纪最伟大的智者之一。但然后他加上一些冷漠的话："在阅读这样的信之后，每一个人对康托在精神病诊疗院度过了他大半生的人这件事是不会感到惊讶的。"[27]

我们仅能猜测，在1911年可能罗素实际上已经与康托会面。罗素有关数学基础的工作，包括他著名的悖论，对于康托的集合论和无穷概念的今后发展是很重要的。

15. 选择公理

康托意识到，如果他希望证明连续统假设，就必须建立一个对他的超限基数能加以比较的方法。要能如此做就应确立每一个超限基数是阿列夫系统中的一个数，并且没有基数是在序列：$\aleph_0$，$\aleph_1$，$\aleph_2$，$\aleph_3$，$\aleph_4$，$\aleph_5$，$\aleph_6$，$\aleph_7$……之外。康托给他的阿列夫序列命名为塔夫，η，希姆莱字母表中的最后一个字母。他这么做是要最后推导出：每一无穷基数必是一个阿列夫——必属于包含所有阿列夫的系统内。他的系统之外不存在无穷基数，尽管这系统可永远走下去——总存在越来越大的阿列夫。

但在康托能证明在 η 系统内每一无穷基数都有其位置之前，康托需要一种能比较任何一对基数的方法。确定无穷基数顺序的原则必须与实数在直线上的相同：即，对于它们中的每两个，或者它们相等（$a = b$），或者它们中一个大于另一个（$a < b$ 或 $a > b$）。要超限基数获得这个性质，康托必须定义集合的一个特殊性质。我们称这个性质为良序原理。

这个良序原理是说，每一个集合都可被良序。如果一集合的每一非空子集合有一最小元素，那么该集合称为良序的。让我们举一个例子。如果我们的集合是{1，2，3}，那么我们知道所有子集合的集合有 8 个元素（如我们早先知道的，$2^3 = 8$）。这些子集合中的一个是空集合，其他的 7 个集合是：{1}，{2}，{3}，{1，2}，{1，3}，{2，3}，{1，2，3}。原集合{1，2，3}是良序的，因为它的每一个非空子集合有一最小元素。这些最小元素是（按序）：1，

2，3，1，1，2，1。康托需要证明良序原理，即证明每一个集合（特别是无穷集合）如上面的例子一样可被良序。

如果他能达到这个目标，那么他就能证明每一个超限基数必是他的阿列夫中的一个。如果他不能达到这个目标，就没有希望证明连续统假设，因为这使连续统的基数 c 是不同于一个阿列夫的某种东西变为可能。如果 c 是不同于阿列夫 $\aleph_0$，$\aleph_1$，$\aleph_2$，$\aleph_3$，$\aleph_4$，$\aleph_5$，$\aleph_6$，$\aleph_7$……中之一的某种东西，那么就没有办法把它放入这个基数有序集合之内，而这是为证明它的确是系统 η 内的第二个超限基数，即 $\aleph_1$ 的一个预先需求。

康托不能证明良序原理，它是有关连续统假设的任何重要进展的一个预先需求。然后，1904 年，由于柯尼格（Konig）大略证明 c 不是阿列夫之一而吓了他一跳。虽然策梅罗后来揭示了柯尼格证明中的漏洞从而挽救了康托，但现在康托的工作处在受到进一步攻击的危险之中。受到惊吓的康托现在需要的比起绝望地希望有一个良序原则的证明要更多。已经成为康托的援救者的策梅罗，继续不断地工作着，努力帮助他。而且，在康托失败的地方，策梅罗成功了。还是在同一年，1904 年，策梅罗获得了康托良序原理的一个证明。

恩斯特·策梅罗生于德国，年轻时入柏林大学求学，1894 年因变分法方面的一篇论文获数学博士学位。他后来成为朱利克大学的教授，但仅几年后因健康不佳而辞职。1926 年，策梅罗被指定为德国弗赖堡大学的荣誉教授。当纳粹党获取德国的控制权后，策梅罗是因抗议和反对这种统治而辞去职位的少数科学家之一。

1904 年，策梅罗刚刚开始他一生的工作——公理化康托的集合论。这项工作从尝试证明康托的良序原理开始。策梅罗还意识到连续统假设仅当每一个无穷基数是康托的阿列夫之一时能成立，并且要证明此必要条件，人们必须证明每一集合是能被良序的。在此一问题上工作多年后，策梅罗于1904年9月24日完成了这个证明，并且成功地提供了任意集合获得一个顺序的实际方法。

证明开始是对给定集合的每一非空子集合指定一个代表点。这个点他称为该子集合的“区别元素”。每一个子集合的代表点是从这子集合的所有点中简单选取的。为实施从每一子集合选取单独一个点，策梅罗依赖一个选择原则，他把它叫做“选择公理”。令他骄傲的是由此他对良序原理的证明得到了简化和美化。

但在策梅罗的证明发表的那些日子里，很多数学家对它发起了严厉责难。证明中的问题恰是加入了策梅罗使用过的公理——选择公理。在一个有限的世界里，做一个选择是简单的事情，但一旦我们进入无穷的领域就不会如此了。甚至假定在最简单的情形里，每一子集合仅有两个元素，但有无穷多个这样的子集合，那么怎样才能保证我们有能力有办法选择呢？数学家在这里看到的问题是，策梅罗未能描述做一个无穷多次选择的方法，并且仅说能做到这样的选择还是不够的。数学家要的是一个确切的规则，该规则要讲清楚如何能作出这种一个无穷序列的选择。立即，选择公理（策梅罗的良序原理的证明是依赖于它的）变得可疑。

关于选择公理的争论从未平息过。过了一年多，数学家已经发现有很多数学原理是等价于选择公理的。很多数学家与这些等价原则以及选择公理本身都保持一定距离。需要用到选择公理的证明被认为可能是有问题的，并且数学家经常在寻找不依赖于做无穷多次选择的替代证明。策梅罗已经开始证明的定理——良序原理——被看做是等价于选择公理之一。这样他的结果自身成了疑问，因为相信这个证明现在等同于相信人们的确能从一个无穷集合无穷多次选择一个元素。

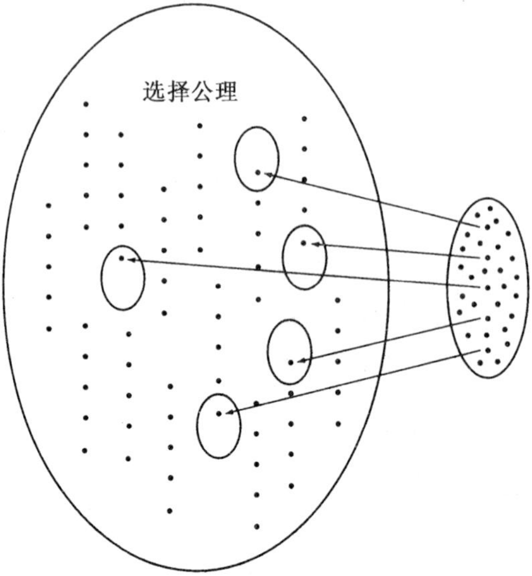

从一个大集合的这些子集合
的每一个中选择单独一个点

数学是建立在一组公理的基础上的。这些公理被看作是不证自明的论断，并且后续的发展是建立在它们之上的。从这些公理开始，连同逻辑规则一起，经严格的证明建立起各种一个支持另一个的命题或定理。数学家的证明方法需要使用有限步骤得到结果。如果我要证明由 A 推导 B，我必须利用有限次逻辑运作表明它。我的证明可由一页写成，20 页写成，甚至 300 页写成，但不能由无穷多页写成。数学家对这种构造性证明的理解是阻碍和防止接受选择公理的。如果你表明你的论断依赖于一个无穷多次的选择，那么数学家可能认为你的证明是有问题的：你如何能用有限步完成你的证明？

选择公理的麻烦在于它的性质与作为数学基础的其他公理不同。它的特性是，选择公理是非结构性的。不存在告诉我们如何作出一个无穷多次的选择的规则或处方。选择公理是否应被接受的问题已成为最剧烈的有关数学基础的争论点。

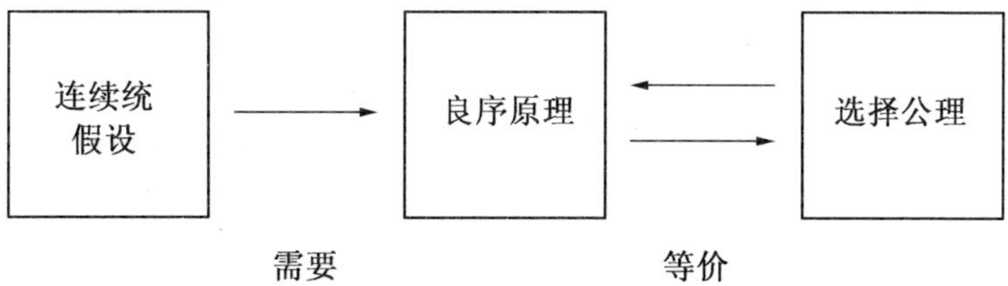

连续统假设的证明需要良序原理。任何对实直线上的数的连续统的考虑逃脱不了这样的事实，即这些数是有序地从小到大的。所以，不考虑这个序的性质去关注这些数的理论是不存在的，也就是，试图跳过数的序或把数作为无序集合考虑是没有意义的。因为连续统上的数对它们的序的这个不可逃避的依赖性，任何对连续统的有意义的数学分析必须在良序原理的帮助下才能进行。但这个严酷的良序原理自身是与选择公理等价的。因而，从良序原理被诉求那时刻起，康托的难以捕获的连续统假设就和策梅罗的选择公理永远缠结在一起了。20 年内，库特·哥德尔由于证明了选择公理和连续统假设的一个意外的性质而震惊了数学界。但在此以前，这个悖论造成的打击是沉重的。

在策梅罗开始公理化康托的整个集合论，努力建立连续统假设的工作的时候，康托自己正从严格的数学世界滑离。数学证明的思想在他的心里逐渐变得不很重要。他逐渐扮演起上帝的忠实捍卫者的角色。[28] 他相信他被委以给世界记录上帝的话的任务。连续统假设是——神的范围中——有关无穷的命题，康托是把这些结果传给世界的中间人。随着他患精神疾病多年，康托经常坐在他屋内或医院内独自一人度过漫长时日，面对空白的墙壁沉思默想。这些沉思默想就其实质来说与喀巴拉的那些思想没有差别。康托和喀巴拉教士们都在深思上帝的无穷；两者深信他们各自被委以重任；并且两者都感到做证明是没有必要的。

16. 罗素悖论

公元6世纪克利坦的哲学家爱皮莫尼德（Epimenides）提出一个古老的悖论。该克利坦人说："我正在说谎"。你应该相信他吗？如果你认为他的话是真的，那么他正在说谎并且由此知这话是错误的。如果你认为这话是错误的，那么他没有说谎并且由此知这话是正确的。

另一个古代悖论是克洛寇蒂（crocodile）的双关语。一个克洛寇蒂人偷了一个小孩，然后跟这孩子的父亲说："我将把孩子还给你，如果你能正确猜出我将是否还孩子。"该父亲回答说："你将不还孩子。"那么克洛寇蒂人应该做什么呢？[29]

1897年，意大利数学家西舍尔·布拉立·弗迪（Cesare Burali-Forti，1861—1937）发现一个康托集合论中固有的悖论。布拉立·弗迪考虑了序数的整个系列（像"第一"，"第二"，"第三"等等）。他注意到此集合必须包含一个大于所有序数的序数。但根据定义，这序数集合必包含所有的序数并且对每一个这样的数都可加上1。因而，不能有包含所有序数的集合。布拉立·弗迪的思想的一个推广，被用来证明不能有最大的阿列夫。康托意识到布拉立·弗迪1897年的悖论，并在他致另一数学家的信中提到过。在为改进康托的集合论的策梅罗的公理系统里，布拉立·弗迪产生的问题借简单地假设所有序数的集合是不存在的而得到解决。一个认识较好的，也是发展了康托思想的一个复杂的悖论，是著名的罗素悖论。

伯特兰·A.W. 罗素（Bertrand A.W.Russell）是 20 世纪最著名的哲学家之一。他关于政治自由方面的写作帮助他赢得了 1950 年的诺贝尔文学奖。罗素是众所周知的和平主义者，并对心理学、认识论、伦理学及其他领域都作出了贡献。罗素对数学的贡献包含他的著名的著作《数学原理》，这是与怀德海（Whitehead）合著的，由 1910 年和 1913 年间相继出版的 3 大卷组成。这些卷册是为建立全部数学的完美逻辑基础而设计的。它们成为许多重要逻辑学家的工作基础，这些逻辑学家为建立数学的一个完整逻辑的理论付出了大量辛劳。他们中有哥德尔（Kurt Godel），他后来因证明了由罗素和怀德海建立的结构体系震惊了数学界，尽管该体系当作数学的一个基础还很不够。

但罗素因提出一个捣乱的永远困扰数学逻辑的悖论而与数学同样出名：罗素悖论。它是集合论的悖论中最著名的。罗素悖论可用一个通俗的理发师的故事加以类比解释。色威尔镇的一个理发师规定要给该镇所有不自己修面的人修面。现在产生一明显的问题：色威尔镇的这位理发师应给自己修面吗？如果他给自己修面，那么违反了给所有不自己修面的人修面的规定，所以他不能给自己修面。如果他不给自己修面，按规定他又应该给自己修面。这是一个逻辑的悖论。[30]

罗素悖论的一个语义型的例子，是如下所述叫做格来林悖论的。一个述语自身可能正确，或（更经常）可能不正确。例如，词“短”确实是一个短词，词“英文”确实是一个英文词。词“词”确实是一个词。词“五音节”自身有五个音节。但词“长”是一个短词；“德文”自身不是一个德文词；并且词“单音节”有五个音节不是一个音节。当我们问是否“自身不真”或“自身真”的时候这个悖论有形化了。

在集合论里，罗素悖论实际处理的是集合。一个集合的元素可以是其他的集合。盛有水果的一个篮子可看作是元素的集合：篮子是集合并且其元素是篮子里的水果。但现在让我们关注另一个集合：晚餐会地上所有盛有水果的篮子。这是一个其元素是盛有水果篮子的集合，也就是某些集合的元素可以是它们自身。例如，世界上不是狗的所有事物的集合可包含其自身作为元素。因为这个集合不是狗，所以是真实的。

1901 年，罗素问他自己一个表面上简单的问题，它动摇了集合论和数学基础的逻辑结构。罗素考虑的是所有不包含它们自身为元素的那些集合组成的集合。罗素称它为集合 R。那么他问：集合 R 是它自身的元素吗？这里，罗素获得了一个悖论。如果集合 R 是自身的元素，那么因为 R 的任一元素都不是它自身的元素，所以 R 不是自身的元素。而如果集合 R 不是自身的元素，因为 R 是所有不包含它们自身为元素的那些集合所组成，那么 R 应是自身的元素。

罗素寄给德国逻辑学家弗雷格（F.L.G.Frege，1848—1925）一封描述他的悖论的信，弗雷格那时刚刚发展了作为集合论基础的一个替换公理系统，并且发表了他的大致工作。弗雷格的公理系统在集合论的发展中扮演着一个重要的角色。1893 年弗雷格建议的此系统中的第五公理是严格的抽象公理。按照这个公理，给定任一性质，存在一个其成员恰是具有此性质的元素的集合。罗素悖论是击中弗雷格第五公理的一个小孔，也是击中不能对任意集合满足的一个性质，因为它将导致一个矛盾。

当弗雷格得到罗素的信后，他必须回返到导出公理的地方并且试图提出另外的公理。两年后，在他的著作第二卷的一个附录里，他回顾了从罗素那里得到有关其悖论的消息时他的反应："对于一个科学写作者来说，降临在他身上的不幸很难有比在他的工作完成后，发现他建立的大厦的基础在动摇更为痛苦的了。这就是罗素先生的一封信使我所处的状况……甚至我现在真不知道如何科学地建立算术；数如何能被理解为逻辑对象。"[31]

罗素悖论的一个关键含义是不存在万全的集合或包含一切事物的集合。在早期接触的集合论中，包含一切事物的万全集合的存在性被认为是当然的。罗素悖论证明，为了从什么也没有中获得某些东西在数学里是不可能的。只是简单地用定义告示集合是不够的。我们必须握有其元素确实存在的集合。定义一个三驾马车并不能证明这三驾马车是实际存在的。那些意识到由于罗素悖论而动摇了地基的集合论的工作者们，留住了这样的目标，即尝试确定能实际定义集合的那种性质；但仍然不知道达到此目标的方法。如哥德尔对罗素工作20年里研究证明的，一个对此问题的完全回答可能是不可能的。

罗素悖论和它的含义是通往公理集合论和坚实数学基础道路上的重要障碍。先前已经知道一些不同形式的这个悖论。策梅罗自己说过，他已经发现了我们称为罗素悖论的悖论。但对他来说这个悖论是明显的。

选择公理带来了一个有趣的有关数学基础的悖论。它叫做巴拿赫-塔斯卡悖论，这是在数学家巴拿赫和塔斯卡发现这一悖论后的称呼。波兰数学家巴拿赫（Stefan Banach，1892—1945）把先进的向量空间引入数学，而塔斯卡（Alfred Tarski，1901—1983）在逻辑学方面有前瞻性工作。巴拿赫-塔斯卡悖论起始于选择公理的一个应用。两位数学家用欧几里得空间里（通常在三维或更多维这样的空间里研究几何）的数学推导证明了，一个定半径的球可分解为有限个部分，然后再把它们放置一起形成两个球，而每个球的半径和原球半径相同。这个悖论引起了数学家们很大的惊讶。由于接受选择公理，数学允许某些像纯魔术般东西的存在。

巴拿赫–塔斯卡悖论如下所示。

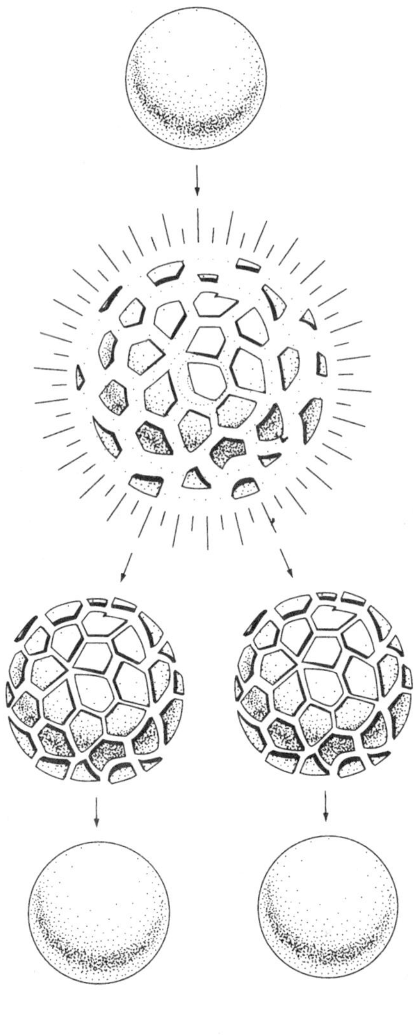

17. 少年哥德尔

乔治·康托因20世纪初产生的一些悖论而感到沮丧。罗素悖论和在罗素前后其他数学家的一些相关悖论，威胁着数学的基础。康托的连续统假设是和深藏于数学基础里的概念密切相关的，因而这使得康托不像是曾克服他的困难并证明了连续统假设。

随后的几年里，康托深感失望，并且他的精神疾病更加频繁地发作。他需要在哈雷的医院做较长期的治疗。在第一次世界大战期间，很多病人都搬到更适合的地方以为城市中不得不容纳的士兵们腾出空间。这期间在哈雷的医院只剩下两个病人：一个是富裕法官的妻子，她在此已住了11年，因为她的家庭不要她搬到一个精神病收容所去，另一个就是康托。康托总的健康情形显然是每况愈下。他头脑里保存着不变的信念是，上帝通过他把连续统假设告诉世界。随着他变得越发脱离实际世界，他的意识已漂流到不再能区分现实和虚幻的地方。

在这同一个时期，一个阳光少年在捷克斯洛伐克成长起来。他的名字叫哥德尔（Kurt Godel），并且他的家庭环境与康托的大致相同。如同命里注定，哥德尔成了康托的继承者并证明他是整个时代最伟大的智者之一。

1906年4月28日——在1904年柯尼格（Konig）提出质疑和1908年策梅罗的选择公理的中间，集合论处于麻烦的时候——哥德尔生于捷克斯洛伐克的摩洛维亚的伯尔诺市（现为捷克共和国的一部分）。哥德尔的家庭是日耳曼人种，但它的成员已经在捷克斯洛伐克和奥地利生活了几代并与维也纳紧紧连在一起。哥德尔有一个哥哥，鲁道夫，比他大4岁，哥德尔小时候很依赖他哥哥。

哥德尔的父亲，老鲁道夫，在哥德尔童年时期商业经营得很好，并在几年里为他的家庭建起了一座3层楼的房屋。两个舅舅在这房屋里与哥德尔一起住了许多年。哥德尔的母亲，玛丽安，来自比她丈夫更高的社会阶层，并受过良好的教育。她生了2个男孩，她希望他们能成为优雅的奥地利–匈牙利绅士，精通艺术，音乐和语言。哥德尔长大后能说几种语言——但他很少说捷克语，因为他的家庭认为这种陆地语言不如日耳曼语精致。

日耳曼人那时大约占捷克斯洛伐克的人口的四分之一，大多数居住在城市里，并且大都接近德国和奥地利的边界。在这些城市里，日耳曼人是当地居民，广泛地说着德语。哥德尔和很多日耳曼人家庭雇用捷克仆人，并认为捷克人受教育较少。

哥德尔家的房屋有一个花园，种着很多果树，并且大到足够他们的两条狗在里面奔跑。[32] 童年时，哥德尔安静地与他哥哥一起玩耍、阅读和提问题。他很早就显示出对世界强烈的好奇心，经常向他的双亲问"为什么"。这个家庭昵称他为"Der Herr Warum"——为什么先生。10岁时，哥德尔进入一大学预科学校，这是奥地利–匈牙利的教育机构，男孩们（和少数女孩）在此要花好几年学习经典课程以及为大学教育做准备的科学和数学。令人惊奇的是，这个男孩1917年的成绩单上的所有课程中，除数学分数是"好"外，其他都是"非常好"，而他却命定成为本世纪最伟大的数学家之一。[33]

哥德尔似乎已经显示出要在这个世界里得到发展。1914年，第一次世界战争爆发。哥德尔生活在紧靠暴力破坏中心的地方，但没有证据表明战争以任何方式毁坏了他们的生活。父亲继续发展他兴旺的生意；母亲继续欣赏伯尔诺和维也纳的文化生活；而2个男孩继续他们的学校学习和娱乐活动。全家经常到风景名胜地度假，即使战争也未能破坏他们的这个爱好。

1917年6月，在伯尔诺西北只不过400千米的哈雷市，乔治·康托最后一次被允许进入精神病诊疗所。食品短缺和战争造成的艰难使精神病诊疗所里的生活困难且痛苦。康托现在已70岁，并没有要求进医院。他祈求他的妻子和医生允许他住在家里，但他们拒绝了他的请求。这年年底，他把他日记的最后40页寄给他的妻子用以证明他已活过1917年底。但在1918年1月6日，人们发现他死在了他的床上。

康托的最后遗产，超越了超限数和连续统假设，是认识到不可能有包含任何事物的集合（如罗素悖论推导出的），因为任意给定一个集合，存在更大的一个集合——它的子集合的集合，幂集合。这样，就没有最大的基数——绝对值超过我们所能达到的。为区别这个概念与上帝，康托在给英国数学家杨（Grace Chisholm Young）的最后一封信中写道："我从没有着手研究实无穷的任何'至高种类'。相反，我已经严格证明，绝对不存在实无穷的'至高种类'。超过一切有限和超限数的不是'至高种类'；它是单独的，包含万物的完整的个体单元，它也包含人类不能理解的绝对大。这是'Actus Purissimus'，很多人称它为上帝。"[34] 也许康托最终相信，上帝的绝对无限性对于人类心智是不可能理解的——甚至当人类试图理解实无穷时，这给他痛苦的灵魂带来了安宁。

哈雷精神病诊疗所

在伯尔诺，处于能好好干的特殊环境下，尽管大环境是困难的，意气风发的年轻才俊哥德尔继续他的发展。他广泛涉猎各个领域，吸取学校里的各种先进资源。当他 15 岁时，在大战后不久，他家又一次去度假。这次他们在邻近波希米亚的著名的马林巴德（Marienbad）温泉场度过了几个星期。

马林巴德：从这名字可想象出，穿戴高贵的男女游客悠闲地在广阔美丽花园中的白色宽径上散步，大温泉把矿泉水喷向高空……哥德尔全家很喜欢在那里具有巴洛克风格的旅馆里过春天，很多著名人物也都在那里享受他们的假期，他们之中有普鲁士的弗里德·威尔汉四世国王，希腊的奥托一世国王，波斯的沙·拿斯利鼎，英国的爱德华七世，以及哥德、马克·吐温和西格梦德·弗洛伊德，等等。

多年以后哥德尔描述这次经历，在马林巴德他经历了一次转变。直到那以前，哥德尔期望自己和那个时代受教育的人一样，能持续对人类学、社会研究、语言学有兴趣。但当漫步在那优雅宾馆的长廊上，徜徉在繁花似锦的花园里，嬉戏于泉水的溪流中时，他突然改变了。一个神秘的力量把他引向方程、符号和无穷的世界。当这个家庭从休假地回到家的时候，年轻的哥德尔已经是一个数学家了。

18. 维也纳的咖啡馆

1924 年哥德尔从大学预科毕业，并转到维也纳入大学。他在大学预科的最后 3 年，已集中注意力在数学上，但也同时对哲学和物理学表现出巨大兴趣。这三方面的兴趣伴随着他整个一生。他投入很多年把来自具有哲学思想的物理世界的概念和他在数学基础里所做的神秘的发现统一起来。

哥德尔在大学预科完成的学业极好，能进入欧洲的任何一所大学。集中了第一流数学家的柏林，肯定是吸引聪明年轻学生的地方。但哥德尔是非常依赖他的家庭的，因而他决定去最近的有名望的学校：维也纳大学。

伯儿诺距奥地利首都维也纳不到 112 千米，所以哥德尔在维也纳时离家很近。维也纳这座城市对他也具有巨大吸引力。这是离他的故乡最近的大城市，人们说德语，并且在这文化、艺术和音乐中心有很多使人愉悦的追求。此外，哥德尔的哥哥已经在那里上大学。哥德尔来到了维也纳，并搬到大学不远处的一座小公寓里与他的哥哥同住。鲁道夫仔细地照料着他的弟弟，他弟弟已偶尔遭受轻微病痛——有些是真的，有些则是想象的折磨。他一生都在照料着他的弟弟。

哥德尔开始上一些数学课程，它们是由来到这里的一些著名数学家讲授的。他们当中的一位是维也纳的著名数学家汉斯·海恩（Hans hahn，1879—1934）。海恩是 1905 年在维也纳大学获得数学博士学位的。他被卷入第一次世界大战并在战斗中严重受伤。康复后，海恩到了波恩大学，被聘为全职教授。似乎他错过了维也纳大学。而1921年，当哥德尔和他的家庭在马林巴德嬉水的时候，海恩回到他的故乡，成为维也纳大学的教授。他在很多领域都作出了贡献，但他最基本的数学结果是著名的海恩-巴拿赫定理，该定理的参与者是斯蒂樊·巴拿赫。

海恩-巴拿赫定理属于泛函分析领域。这个定理给出一些条件，在这些条件下一个线性泛函（一个向量空间到具有线性和齐次性的实直线内的映射）能延拓到边界条件和此泛函相同的全空间[35]。海恩-巴拿赫定理在高等数学分析里是非常重要的。它的证明有神秘色彩——它需要用到一个叫做佐恩引理的结果。佐恩引理是说，若一偏序集合里的任意链有一上确界，那么这偏序集合有一最大元素。但佐恩引理是等价于选择公理的。海恩-巴拿赫定理是数学分析中那种重要结果的一个例子，此种重要结果的逻辑依赖于真正数学基础的一个假设上。海恩-巴拿赫定理的证明有赖于选择公理的成立。

当哥德尔继续做数学博士的工作的时候，汉斯·海恩成为他的论文导师。通过研究数学分析和他的导师证明的主要定理，哥德尔逐渐理解集合论，以及数学基础的威力和重要性。他着手研究神秘的选择公理和基于它的无穷的性质。他也研究了康托的连续统假设。有趣的是哥德尔和康托两人在集合论和研究数学分析问题的无穷性质方面都作出了各自贡献。

汉斯·海恩有广泛的兴趣，其中之一是神秘主义。他相信拜神会和死人的灵魂与活人说话的可能性。我们不清楚海恩相信这非数学的兴趣的程度究竟怎样，但可以知道的是他喜欢在咖啡馆与他的朋友讨论这些东西。

海恩组织起了一个朋友的圈子。他们中大多数是数学家、哲学家和来自各种领域的科学家，其中也包括他的学生哥德尔。1924 年在维也纳咖啡馆的聚会变得更加正规，并且他们自称是维也纳的圈子，在哲学家萧立克（Schlick）参加之后，称为萧立克的圈子。聚会是活泼的，他们的话题涉及科学和哲学的各种领域。成员们喝咖啡，玩游戏，一起散步，并讨论各种思想。年轻的哥德尔几乎参加了每一次咖啡馆聚会，他的同事们后来描述他当时是一个非常安静、专注地倾听其他人说话并不住点头的人。

在维也纳咖啡馆聚会激发智力的氛围内，哥德尔发展起他著名的论文和后续论文中的概念，这概念永远改变了科学的命运。一旦指向数学的基础和康托在实无穷上的工作，哥德尔就利用他深刻的哲学功底提出了一个关键问题：证明是什么？证明等同于真理吗？真理总是可证明的吗？以及一个有限系统能产生超出此系统范围的某些证明吗？

哥德尔工作很努力，但他玩得也很努力，并在这紧张的思考研究时期遇到一个迷人的比他大 6 岁的舞蹈演员波科特（Adele Porkert）。几年后，不顾家庭反对，两人在维也纳举行了婚礼。在参加大学班级间的活动，维也纳之夜俱乐部举行的与波科特一起的宴会，并且下午和晚上都在咖啡馆与萧立克圈子的人一起度过的情形下，哥德尔仍然找到时间写他的了不起的论文。

给定任意一个系统，哥德尔作出结论，总有一些在此系统内不能被证明的命题。甚至如果一个定理是真，它可能在数学上是不可能被证明的。这是哥德尔著名的不完备定理的实质。[36] 在一个有限宇宙内活动的人类心智，不能理解把握超出这个系统的一个实体。

哥德尔定理与康托的有关不存在最大基数的定理是有一定关系

的。康托已经证明，给定任意一个集合——不论它多么大——总存在一个更大的集合：给定集合的所有子集合的集合。给定任意一个无穷系统，总存在一个更大的基数较大的无穷系统。在任意一个有限系统内部，存在不能知觉或不能达到或不能证明的实体，并且为了理解这些实体我们需要提升到一个较大的系统；但当我们做这些，我们会遇到更大的系统和超出范围的实体。这个概念可用罗素的玩偶作类似解释：

有一个最大的可能的罗素玩偶——包含所有其他罗素玩偶的那个玩偶吗？这个问题紧密联系着罗素悖论和康托的给定任意一个集合总存在更大的一个集合的想法。包含任何事物的集合的不可能性让康托得出存在一个绝对大的结论——数学内部不能理解和分析的东西。康托把绝对大与上帝划了等号。[37] 绝对大也等同于喀巴拉的 Ein Sof——一个大到处在人类能理解的范围外的无穷大。也许罗素玩偶，完全集合的不可能性和绝对大的不可获得性给哥德尔以信心得到他的不完备定理：总存在某些外部的，超出一个任意给定系统的东西。

通过与带有操作系统的计算机做类比，我们可以知道，相对于某些在有限的系统内部不可能被证明的定理，一个系统是如何不完备的。假定你现在正在你计算机屏幕上的一个文件上工作。你能做很多事情：写、移动文本、剪切和粘贴消息，甚至嵌入另外的应用中的艺术图像和公式。但是你不能从正在工作的文件内部删除这打开的文件。要这样做（或移动这文件到另一文件夹），你必须退出文件并在一更大系统内部实施这个操作。

某些思想和性质在给定的任意一个系统内不能看见或知觉，并且为了理解它们，我们需要移向更高层次。因为不存在“最高”层次——如康托已证明的——这是我们在给定的任意一个系统内不能理解和说明的思想和性质。类似地，人类从没有获得过对上帝的理解。对于人类心智能占据的不论怎样的系统，存在着在此有限系统内不能完全理解的一些性质。因为上帝处在所有较高系统上面，有限的人类心智从不能到达这些层次并且理解这个神。

哥德尔的定理对于数学家较之对于哲学家，意义更为突出。哥德尔告诉我们，某些定理从来都是不能被证明的。数学的目标是建筑一个真理的结构：定理、引理和推论，所有这些都是从称为公理的那些原则组成的一个基本集合出发，使用逻辑规则一步一步构筑起来的。哥德尔的不完备定理的证明表明，不管数学家从最初的那些公理上设计一个逻辑系统如构筑算术、代数、分析以及其余的数学是如何细致小心，这样一个系统从来都不能完备。对任意一个这样的系统，总存在着不能回答的问题，总有一些这系统不能决定它们真伪的命题。

很多人相当快地认识到仅 26 岁的哥德尔所证明的结果的不可估量的意义。在哥德尔 1930 年提出他的论文后，他在维也纳大学的一个讨论班上宣告了他的结果。一年内，大西洋两岸的著名数学家都熟悉了哥德尔证明的重要定理，他被邀请到新成立的普林斯顿高等研究院（简称 IAS）度过一学期。此前哥德尔是作为私人教师在工作的，就如同半世纪前康托所做的，通过私人教授大学生贴补生活。虽然如此，他是不情愿离开他热爱的维也纳，奔赴答应给他高报酬的美国的。他也不愿离开未婚妻波科特。然而，1933 年秋，哥德尔最终还是乘船完成了他到普林斯顿的第一次旅行，并获得研究院的一份奖金。他在那里将会第一次见到爱因斯坦并与他开始长达一生的友谊。

一旦哥德尔证明了一个过去从未证明的结果，他的兴趣就转向另一未被证明的结果：连续统假设。另一使他感兴趣的题目是集合论中仍存疑的公理：选择公理。哥德尔开始关注这两个问题。

但在他接触到被禁锢的阿列夫和实无穷的概念不久，哥德尔——像康托几十年前那样——开始出现精神疾病的征兆。从没受过同事们的折磨和克罗内克式能人的敌对攻击的哥德尔，开始显示如康托遭受的那种精神失衡情况。他变得精神抑郁并且慢慢地固执地相信人们正在迫害他。他甚至怀疑有些人试图给他下毒，几年里，他都要求他的未婚妻在他吃之前必须尝试所有食物。随着病情的加重，他吃得越来越少。大约花了半个世纪，他把自己饿到直至死亡。[38]

1934 年，哥德尔再次被邀请到高等研究院，这里的数学界欣赏他的才能和智慧。但当纳粹主义的浓密乌云聚集在欧洲的上空时，世界正在急速改变。如同第一次世界大战时的情形，哥德尔明显处于被危险和仇恨所包围的境地——尽管他生活在维也纳并且没有太感受到纳粹在德国上升的权力。排犹主义开始在维也纳猖獗，他的许多犹太朋友，包括他的导师海恩已经受到暴徒和大学行政机关的侵扰。哥德尔也曾被疑为犹太人，在街上遭到一帮纳粹党徒的攻击，因为当时他穿着一件黑袍。[39]

当欧洲接近燃烧时，任何人为了有机会生活在美国都急切地设法离开欧洲。但哥德尔显然有他的情况。他在数学基础方面的工作正吸引着他，并且他正逐渐地失去与现实世界的接触。他由于重病——胃痛、呼吸问题和其他实际的或精神的困难而受着折磨。这年夏天，他的病情加重并进入维也纳附近的一家疗养院做检查。这是一所为精神疾患者提供慷慨治疗的研究院。他为恢复健康在这里度过了几个月。他写信给美国普林斯顿高级研究院（IAS）的官员，请求推迟他到美国的旅行。他没有提到他的入院治疗。

从医院出来后，哥德尔回到维也纳并在大学教了一夏季的课。在整个这一时期里，他工作得很积极，试图证明选择公理与集合论的其余公理是相容的。

1935 年 9 月，哥德尔再次离开维也纳赴美国，他是从勒阿弗尔（法国港口城市）登上轮船田园诗号的，船上的乘客包括著名的物理学家保里（Wolfgang Pauli）和数学家白纳斯（Paul Bernays），他们两人都是高等研究院的领导。[40]

但 11 月他辞去了研究院的职位。他正遭受精神抑郁症复发的痛苦并要求回到维也纳，以便在未婚妻的照料下康复。然而，在他精神抑郁严重时候，哥德尔发现了选择公理与其余数学基础相容性的一个证明。接着他抓住了一切问题中的最大问题：神秘的阿列夫和连续统假设。1935 年 12 月 7 日，哥德尔到达勒阿弗尔，接着到达巴黎。他打电话给他兄长，请兄长来并帮他看护他的家庭。

19. 1937 年 6 月 14—15 日之夜

在历史上最坏最严重的冲突将要爆发时，哥德尔心满意足地回到了欧洲，并且他明显地还保留着对 20 世纪 30 年代末激动人心事件的印象。在维也纳，他与波科特正准备在德国与奥地利合并日之后——奥地利的合并日在 1938 年——结婚，这也在宣示他们的生活已经变得多么与他们周围的环境完全脱离。

随着他返回维也纳，哥德尔声称正在做集合论的课题，表示希望投入他的全部精力到不可能的康托的实无穷问题的工作上。他必然已意识到集中在这些题目上会使他慢慢地疯狂，但是，像康托一样，他如飞蛾扑火般地冲向无限光亮处。疗养院内外，世界都关注着他的攀登，哥德尔谢绝了来自美国的——现在不仅包括 IAS 还有其他的大学——友好邀请，埋头于连续统假设的研究。

他为解决数学问题的所做的努力加重了他的心理问题。哥德尔逐渐确信，由于呼吸着“坏空气”他正在中毒。这空气来自现在他与波科特共住的公寓内的冰箱和调温系统。波科特没意识到自己的问题——她一生都抽烟，尽管她知道她的香烟增加了“坏空气”，不论是实际的还是感觉的。整个 1937 和 1938 年，哥德尔是极度幽闭的。这一对夫妇的生活正耗去他们的积蓄，很快就穷尽了。哥德尔的收入仅来自在大学讲授公理集合论课程。

哥德尔保存了用速记写下的一些笔记的副本。几年后，在他发表了证明连续统假设与集合论相容的论文之后，他原来的笔记才减低了重要性。他在一本笔记本中写了一段秘密的话：“1937 年 6 月

14 和 15 日的夜里，找到了连续统假设的意义。”哥德尔发现了证明连续统假设与集合论的公理系统是相容的一个方法。不能断定康托有关无穷大的假设是真或是伪，但假使能断定也不会在数学基础内部产生任何新的矛盾。

令人惊讶的是，哥德尔没有把他的重要发现告诉任何人。1938 年，哥德尔回到普林斯顿在 IAS 工作了一个学期，然后去圣母玛丽亚大学的一个讨论班教课。认识他的人描述他在这些研究机构时是忧愁的和沉思的。毫无疑问，与他留在维也纳的妻子分离，他心情抑郁并且孤独。当他回到家时，奥地利已是德国的一部分且第二次世界大战已经开始。1939 年，维也纳的纳粹当局发现哥德尔适宜为第三帝国的军队服务。

纳粹的命令也许只是最后一根稻草。哥德尔终于要面对现实了——他反对战争的态度是自制的，并且除非他坚持自制，他必将会参加暴力的行动。因为他反对纳粹，这是离开的时候了。哥德尔使用 IAS 对他长期的邀请尝试获得去美国的签证，但他的动作太晚了。能申请离开欧洲的任何一个人都在这样做，并且维也纳的美国大使馆也不易为避难者加速审批过程。

然而，哥德尔的论选择公理和推广的连续统假设与数学基础的其余公理相容的论文已登载在美国全国科学协会的《进展》公告上。该论文结合了哥德尔在不完备定理之后的两大成就。他证明了选择公理与由豪斯托夫推广的康托的假设与数学基础的其余公理是相容的（或协调的，或无矛盾的）。两个谜样的关于无穷大的命题，如果假设是真，不产生与集合论的其余公理的任何矛盾和冲突。如果数学的基础是坚实的，哥德尔的证明推导出，若两个假设命题都真，它们将仍然坚实。他的证明不能推导出连续统假设（或选择公理）是真。事实上，哥德尔的结果是在向着证明连续统假设（和选择公理）独立于数学的其他部分的半途中。在争取获得去美国的签证和苟活在战争时期维也纳的敌对气氛中的同时，哥德尔一直在做他的逆命题的完全证明并且从而建立起独立性。

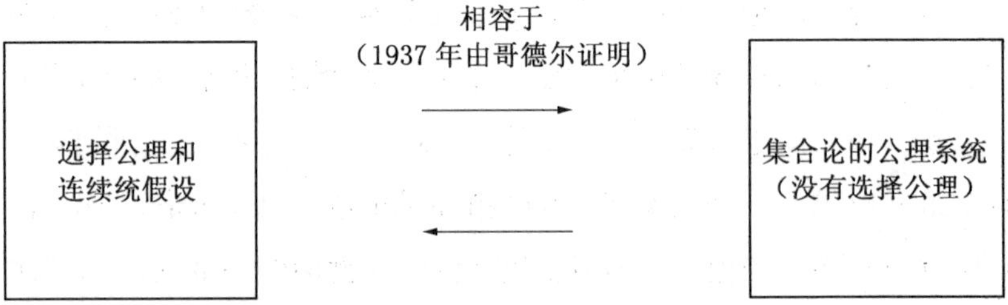

这个推导，一旦证明，会推出完全独立性

哥德尔在1937年6月14和15日的夜里完成的证明，推导出连续统假设能工作在组成数学基础的公理系统内。如果回推得到证明，那么选择公理和连续统假设被表明是完全独立于数学基础的公理系统的，这意味着在现有系统内我们不能知道康托有关无穷大的顺序是否正确。

随着哥德尔声望的提高（至少在数学圈内部），普林斯顿的IAS的主任可以利用他的影响为他们夫妻俩请求签证。不过，哥德尔有两方面的麻烦，一是美国大使馆，更大的麻烦是统治奥地利的纳粹当局怀疑这位奥地利教授打算移民去美国。最终，困难被克服并随着纳粹当局允许他离开欧洲，他获得了签证。但哥德尔到美国晚了一些——通常由欧洲渡过大西洋到美国的路线现因战争而关闭。哥德尔找到了一个解决办法——旅行穿过西伯利亚到达亚洲的太平洋沿岸，接着到日本，再由那里坐船到旧金山。

现在已是1940年，且欧洲仍在战争中。这一年里，珍珠港遭到攻击，美国加入世界大战。穿过欧洲到亚洲已经很危险。哥德尔登上火车并旅行在横穿西伯利亚的铁路上。沿路有很多的站，他们几乎被遣送回去，但最终还是安全到达日本。2 月 20 日，他们登上去旧金山的总统（President Clevelend）号船。当他们晚了几周到达普林斯顿时，哥德尔对有那么多避难者试图逃离欧洲表示十分惊讶。甚至他和他的妻子在战争的欧洲所经历的困难过去以后，他仍感到一直生活在一个陌生的世界里。当别人问起他离开维也纳前的生活是什么样时，哥德尔回答说："那咖啡是糟糕的。"[41]

20. 莱布尼茨，相对论和美国宪法

哥德尔像康托一样，不能把握长期对实无穷的过于投入。他因强烈自省对连续统假设的研究而逐渐降低投入的疯狂程度。他知道连续统假设在集合论的包含所有公理的系统内不会引起矛盾。他也已证明，有争议的选择公理用于系统的其余公理内时是“安全”的。但他不知道反过来是否为真，他不知道是否连续统假设的否定式和选择公理的否定式也与集合论公理系统相容。他花费几个月的苦思冥想，试图证明连续统假设与数学的其余部分是完全独立的。这就是连续统假设的否定式与集合论的公理系统也相容的情形。

夏天，哥德尔在缅因州的海岸度假。夜间，他在海滩茂密的树林中来回散步几个小时。休养地的人们知道他是“德国人”，并且看到夜晚他独自一人在海滩散步，有些人就认为他是间谍，正在等待给 U- 潜艇发送秘密信号。哥德尔继续失去和现实的接触。休养地盛开的花朵使他以为自己在马林巴德。

哥德尔正变得越发偏执。他确信他的医生正试图对他犯罪。每个温度或空气调节系统正在吹出有毒的瓦斯。他的食物已被下毒。他会邀请朋友，但当他们来到时却说他们不好并让他们回去。他尝试设计出一个上帝存在的证明。他认为他有了这样一个证明，然后又确定这个证明不好，接着再一次有了它，然后又否定。他仍然研究连续统问题，但最后——像他前面的康托一样——放弃了解决这个问题的一切努力，并转而着迷于其他事项。康托曾耗费几年时光无意义地企图证明莎士比亚没有写他的戏剧，哥德尔现在则试图证明莱布尼茨获得的定理也许不是他作出的。像康托一样，哥德尔也没有给出他的断言的令人信服的证明。关于连续统假设存在着某些超难理解的因素，不可能通过长期的苦思默想搞清楚。试图证明连续统假设对于一个人的心智来说是太危险了；替换的办法是抛弃它并转移到另一个困难的领域。

战后，哥德尔与德国图书馆取得联系，想得到莱布尼茨所有著作的照片复制件。这些论文数以万计并且已经有很多其他学者在研究。浪费了多年之后，像康托着迷于莎士比亚一样，哥德尔放弃了。与此同时，他与逃离德国正在 IAS 工作的另一位天才——爱因斯坦（Albert Einstein）建立起一种温暖的、紧密的关系。

很多人都对爱因斯坦和哥德尔成为好朋友感到迷惑不解。两个人的个性是非常不同的。爱因斯坦是开朗、喜爱社交和有幽默感的；哥德尔是自闭、沉默和罕有朋友的。当问到是什么使爱因斯坦喜欢他的伙伴，哥德尔回答说，原因是他从没有同意过爱因斯坦，并且他们争论的正是爱因斯坦找到的有吸引力的东西。他们友谊的一个表面原因是爱因斯坦喜欢说德语，而哥德尔说的就是地道的这种语言。哥德尔与爱因斯坦经常连续几个小时一起谈论关于物理、哲学和数学的问题。通过这样的交谈，哥德尔变得对于相对论颇有兴趣。这里是他逃离无穷大和连续统假设的另一个领域。相对论是一个使他的才能得以使用的有挑战性的领域，但又没有像研究无穷时使他疯狂的难堪的因素。

就这样哥德尔开始工作在他自己的相对论上。他从爱因斯坦的应用于作为整体的宇宙的引力场方程开始。哥德尔试图求解的是要找到他能获得的那类解的方程，并且这些解能对宇宙、空间和时间作些解释。结果令人惊讶。哥德尔假设宇宙是旋转的，不膨胀，并且是齐次的——宇宙看起来是处处相同的。在此框架内，他的爱因斯坦方程的解推导出时间传播是可能的。今天我们知道宇宙是正在膨胀着并且可能不旋转，所以哥德尔的解对于这样的宇宙是不成立的。然而，当他的论文1949年发表时，引起了许多注意。哥德尔就这样对他的朋友爱因斯坦的引力场作出了一个重要贡献。这两人更加兴奋地继续着他们的讨论，因为他们现在共享着对科学的某些重要贡献。

在他与爱因斯坦的友谊得到发展的时候，他也在申请成为美国公民。尚不清楚他何以有资格申请，因为美国移民法排除有精神问题者，特别是有住医院治疗史者。不管怎样，哥德尔打算参加美国公民考试。在准备考试的过程中，他必须学习美国历史和公民须知。他研读了美国宪法，但他仅按逻辑学家的方式阅读。他研究了每一个不可信的句子，寻找逻辑错误或矛盾，并且他认为已找到了一些。一天，在按预定的时间表工作不久，哥德尔匆忙进入爱因斯坦的办公室并喊道："我已经在宪法里找到一个逻辑不相容的地方！"爱因斯坦为此很着急，因为他知道如果哥德尔在他的移民听证中作出这样的陈述，他的情况将是危险的。他和IAS的其他一些成员一起努力，要减缓哥德尔的兴奋。

但这些努力失败了。哥德尔没有说清他的伟大发现，他只是向每一个愿意听的人解说宪法。期待的日子来到了，哥德尔必须出现在决定他能否移民的审查官员面前。在小汽车里，爱因斯坦和其他朋友都努力不使哥德尔集中注意于他的"发现"，但没有用。听证开始了，哥德尔没有浪费时间告诉审查官员宪法有缝隙，并且独裁者能利用这些使自己在美国确立统治，一如在欧洲已发生的。幸运的是，审查官既有耐心又有幽默感，并且因他的庭内有著名的爱因斯坦作为申请人的证人在场而倍感骄傲。哥德尔获得了他的公民资格。

在向其他领域转向后，哥德尔返回来简略地考虑连续统问题。但他再没有发表过这方面的论文。事实上，1958 年后，他什么也没有发表过。哥德尔的关于无穷的思想现在是和康托原来的想法不同的。哥德尔不相信连续统假设是真的。多年来，他一直在改变关于连续统的势的想法。首先他认为 c 是 $\aleph_2$，接着他决定它是“另一个阿列夫”，进而他的思想摇摆在其他替换方案之间，它们中没有 $\aleph_1$。他似乎再不能使这个问题有所进展。但 1963 年，从不曾预料到的地方来的新曙光出现在连续统假设和选择公理上。

21. 科恩的证明和集合论的未来

1963年春，当57岁的哥德尔专注于他的健康，他的偏执以及他的关于连续统和无穷大的理论的时候——不再能激起他紧张和集中注意力的工作——一个重要的进展正发生在大陆的另一侧。

科恩（Paul Cohen），一位斯坦福大学的年轻数学家，使用一种巧妙的叫做“力迫法”的新方法，证明了选择公理是独立于集合论的其他公理的，并且连续统假设的确独立于所有放在一起的公理，包括选择公理。科恩完成了这样一个任务，补充哥德尔前几年建立的结果并加以证明。科恩的证明肯定地表明，康托的连续统假设是否正确的问题在现行的集合论公理系统内是不能判定的。

这的确不是哥德尔的不完备定理应用于连续统假设的必然结果——在另一个公理系统内证明连续统假设或否证连续统假设仍然是可能的。科恩的证明告诉我们的是，在现行公理系统内，连续统假设可能为真，也可能为错，并且不产生新矛盾。在多年艰苦努力寻找康托是否对和错之后，连续统假设仍然还是一个谜。

要证明连续统假设成立或证明它不成立（和在阿列夫零与连续统的幂之间存在着其他的阿列夫）将需要一个不同的公理系统。但哪种公理系统是能利用的呢？现行的策梅罗-弗兰克尔公理系统是很好的系统，它已长期服务于数学；怎样逻辑地找到一个能替代它的系统呢？任何一个其他的系统都像是包含了不协调性和错误。策梅罗-弗兰克尔公理系统已经经受住了时间的考验并且具有许多重要性质，但它不能以任何方式告诉我们连续统假设是否正确。

科恩是1958年在芝加哥大学获得他的数学博士学位的。那时他研究的是调和分析——远离数学基础的一个领域，并且表现出对逻辑和基础不感兴趣。他接着是求解巴拿赫空间的一个重要方程，同时他在数学上的新名望使他赢得了到普林斯顿IAS1951—1961年度的邀请。令人惊讶的是，没有证据表明他曾见过哥德尔，那时他们俩都在IAS。

科恩想要解决数学中的其他大问题，并且在研究院的时候，他帮助了逻辑学家费弗曼（Solomon Fefermman）并向他询问有关逻辑和数学基础的问题。他在IAS停留过后，取得了斯坦福大学的一个职位并在那里继续研究基础问题。这时他确信，逻辑和基础的——事实上，是整个数学——最重要问题是证明选择公理和连续统假设对集合论的其他公理的独立性。科恩知道哥德尔已经从一个方向证明了独立性，而现在需要的是另一个方向的证明。

科恩咨询了斯坦福的许多逻辑学家，并在此问题上工作得很努力。接着他设计了他新的证明技巧——力迫法。利用一个聪明的论证，科恩能迫使一组公理的每一个取两值之一。这个力迫法保留了从一组集合和应用于这些集合的逻辑规则开始，然后逐渐扩展这一系统使得逻辑规则仍能应用到较大的一个集合组。在这较大的逻辑系统内巧妙地处理公理使科恩获得他最后的答案。连续统假设现已被证明是完全独立于集合论公理系统的。在现行系统内证明或否定连续统假设是不可能的。与连续统假设一起，选择公理也被证明是独立于集合论的其余公理的。

科恩的证明方法交由专家仔细审阅后，被发现了一些错误，但他将它们都改正了。不过科恩对他的证明仍有些担心并决定把它寄给哥德尔，想知道他对证明有什么想法。哥德尔阅读了科恩的证明，认为这的确是一个伟大的数学结果——一个他自己花费多年而未能成功获得的结果。他欢呼科恩的重要结果并鼓励科恩把它发表。1966年科恩因他的成就获得了菲尔兹奖——数学界的最高荣誉。这是菲尔兹奖第一次也是仅有的一次奖赏给逻辑和数学基础领域的工作。

像哥德尔在他的后来几年那样，科恩怀疑康托的假设的实际真实性。1960年在哈佛大学的一次讲演中，道本（Dauben）讲述了科恩对连续统假设的意见。[42] 按照科恩的意见，连续统是这样的一种富集，它的幂（它的基数）不像是阿列夫-壹。较低的基数从另一个基数用确定的数学运算是可以接受的。按照科恩的意见，连续统远远高于较低的无穷大——它的基数比起 $\aleph_1$ 来非常非常大。

问题是数学中的结果当然需要证明。当一个数学家——他或她可能是有著作或是有名望的——作出一个有关无穷大或连续统的论断时，这个论断必须是经过证明的。没有证明的论断在数学界里分量很小。哥德尔和科恩已向我们表明，连续统的证明在现行的系统内是不可能的；所以直到我们能够构作出另一个系统之前，连续统假设依然是个谜。

数学面对一个主要的假设在其现实基础内不能得到证明的情况必须作出调整。作为一个结果，数学家们已经提出了许多许多的替代假设，不幸，这些有关连续统的其他断言也仍然是没有证明和不能判定的。

由琼斯（F.B.Jones）建议的弱连续统假设是断言：

$$2^{\aleph_0} < 2^{\aleph_1}$$

康托已经证明一个集的基数总是小于它的幂集的基数；因而 $\aleph_1 < 2^{\aleph_1}$。

这样，若连续统假设为真，即判断 $2^{\aleph_0}=\aleph_1$ 成立，那么弱连续统假设也是真的：$2^{\aleph_0}<2^{\aleph_1}$（在方程中，简单地把 $\aleph_1$ 替换为 $2^{\aleph_0}$ 就可得到）。因为我们不知道连续统假设是否为真，也就没有办法说明弱连续统假设是否为真。弱连续统假设的否定式是断言 $2^{\aleph_0}$ 等于 $2^{\aleph_1}$。这个断言叫做鲁金假设，是在鲁金（Nikolai.N.Luzin）之后命名的。鲁金是 1916 年开始研究康托的连续统假设的一位俄罗斯数学家。他在莫斯科工作并有许多优秀的学生，他们形成函数论方面的莫斯科学派。这些俄罗斯数学家对连续统假设和它在数学分析及其他领域中的应用感兴趣。他们提出和发展了一些重要的结果。

布柯夫斯基已证明鲁金假设与集合论是相容的。因而，弱连续统假设（鲁金假设的否定式）是独立于集合论的。就像是同一个结果，所有 3 个断言仍是一个谜。

数学里的很多结果，像各种空间的拓扑性质，在没有连续统假设，它的上述的弱形式，或它的逆——鲁金假设——是否为真的情况下是不能确定的。因而，数学家必须时时在定理的证明中插入一个其结果依赖于连续统假设或一相关的未被证明的结果的论断。数学理论的完全性将必须等对连续统假设的神秘性有所了解的时候才能到来。

然而，知识的缺乏，不能阻止集合论越过康托和他的后继者策梅尔、哥德尔和其他人所建立的基础向前发展。哥德尔作出了使集合论得以进展和其余数学继续向前的第一次努力。哥德尔认为非常大的数——甚至是大过“普通”的无穷基数的无穷基数——的可能性是存在的。这个理论可上升到集合论内的近代范围：大基数。大基数还未被证明是存在的。这些超常的大无穷量被宣示存在：集合论已发展成一个公理的集合，它建立起这些新基数存在的潜在可能性。大基数背后的概念是有限数和第一个无穷基数 $\aleph_0$ 间的差别的一个抽象。这个推断过程如下。

如果我们从有限数如5或500兆等等开始，用任意的数学运算（加、乘或指数）是不可能到达第一个无穷基数的。这样第一个无穷基数$\aleph_0$从任意有限基数（任意一个数是一个有限基数）开始是不可到达的或不能接受的。然而，只要我们得到了最低的无穷基数，借助指数运算我们就能得到更高的无穷基数，因为由康托定理，任意给定集合的幂集合有更高的基数，并且这样$2^{\aleph_1}$就是从$\aleph_1$得到的一个更高的基数。甚至连续统假设即使是错时（在此情形，$\aleph_0$和$2^{\aleph_0}$之间可能有某些无穷基数），这些都是对的。

大基数的概念是，或许$\aleph_0$不应当仅是那种欣赏“不能接受的”量的无穷基数。如果这个假设是正确的，那么在无穷基数的广阔无穷范围内的某个地方，存在着其他的从较低无穷基数不能到达的一些无穷基数。这样的基数必然是如此浩瀚无边以致从任意一个较低无穷基数用指数或其他数学运算都不能到达。这像是一个基数的宇宙，若大基数的确存在的话。

集合论已经延伸到与这些巨大的无穷数一起工作：那种使所有其他无穷大量变小的无穷大量。引起的效果是，在大基数上的研究已经产生集合论的许多有趣和重要的结果。这新发现中的某些已给较低基数层面发生的难题带来光明，虽然，至今大基数还没有给我们带来连续统问题自身的解决。

集合论的知识之光已经过多次传递。它从康托传至策梅罗，然后是哥德尔，并从他到科恩。随着科恩的力迫法的发明，集合论到达1960年代的终止线。但在1974年，加利福尼亚大学柏克莱的希尔弗（Jack Silver）证明了关于阿列夫的一个重要结果。它打开了年轻集合理论家们新研究的道路。他们当中有耶路撒冷希姆莱大学的

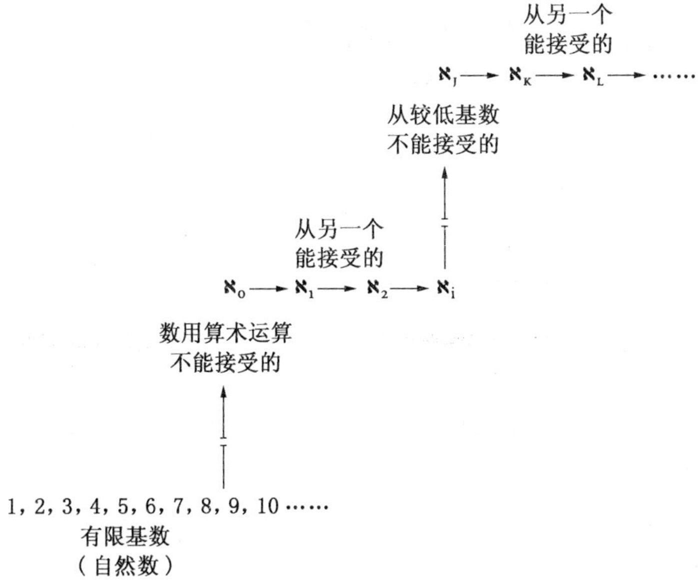

塞拉（Shelah），他完善了科恩力迫法的论据并用它们和他自己的某些分析方法证明了许多有关无穷的定理。这里是一个这样的定理，包含仅为了给读者以集合论的某些最新发展的尝试。这个定理例示了无穷的近代理论之深度和丰富性，以及超越紧紧依赖于我们所能达到的真实性的结果，因为我们不知道对连续统假设的任何猜测是否为真。

塞拉的定理是：

如果 $2^{\aleph_n} < \aleph_\omega$ 对每一个数 n 成立，那么 $2^{\aleph_\omega} < \aleph_{\omega_4}$。

下标 4 的确是未曾预料到的。为什么如果 2 的幂上升到任一个下标为整数的阿列夫小于阿列夫-欧美加（由第一个超限序表示的阿列夫），那么 2 的阿列夫-欧美加幂必小于下标为第四不可数的阿列夫呢？我们不知道，而世界上个别人对有关这样的无穷大的复杂层次已有一些直觉；但塞拉的确证明了这个定理。

22. 上帝无限光亮的外袍

哥德尔和科恩已带给我们一个冷酷的现实：尽管我们做了极大努力，总存在着某些真理是我们永远难以企及的。人类从没能理解无穷的深刻本性。这也许是古代喀巴拉教士依据直觉不需要数学证明所了解的某些东西。对于他们，无穷是上帝或是上帝的东西。这样一个无穷是夏洛可（chaluk），它是人类看不见的上帝无限光亮的外袍。

但历史上有一小部分人已经给出了对无穷的一瞥。人类文明刚刚惊醒的古希腊人敏锐的心智已能惊人地抓住抽象的有关无穷的真实——如芝诺的悖论和阿基米德、欧多克斯的工作，以及其他人表明的。

以其不可思议的对宇宙的研究成为物理学之父的伽利略，用对离散无穷大的快速考察幸福地走向他事业的终点。波尔查诺，一位牧师数学家，已能跃进至连续无穷大并理解实直线上无穷集合的矛盾性质。

但近代集合论的独立开创者是乔治·康托，他真正理解有关无穷大的某些重要真理，并能把此概念分成不同的层次。试图理解无穷大各个层次的真实意义——试图详细解剖不能达到的无穷大和探查它内部的最深部分——可能使他付出了心理不健全的代价。但康托的工作打开了天堂之门，没人再能关闭。康托之后，数学将会与过去不同，这是否是因为他已经发现的无穷的一些性质，或因为他和他同时代人已揭露的一些可怕的悖论和陷阱。带着对无穷的某种程度的理解和带有比以往更明显的贸然进入它的网络的危险，数学在 20 世纪已成熟到内部联系更紧密和规则组织得更好的程度。

数学代代相传，计算机科学作为现代世界的一个最广阔重要的领域出现了，并且在这里，无穷和它的研究——以及当我们试图理解无穷的性质时包围我们的各种限制——也已经留下它们的印迹。

1936 年，图灵（Alan Turing）证明了机械步骤不能解决“停止问题”。一个给定的计算机程序是否最终会停止的问题叫做停止问题。如果存在一个实数可通过一计算机程序逐个计算它的数码，那么该实数称作计算机可计算的。令人惊奇的是，几乎所有实数是不可计算的。图灵证明了，如果我们能找到给定计算机程序是否最终会停止的机械步骤，那么我们就能计算一个不可计算的实数，这是一个矛盾。这个问题，和图灵证明后的几十年繁盛的计算机科学的研究，都与哥德尔的工作有关。面对所有这些使人不解之谜，计算机工作者也和人们一样仍然被无穷概念困扰着。

物理学里，当人们考虑宇宙的范围时，无穷的概念有形化了：宇宙是有限的还是无穷的？对这个问题的回答当然是不知道。从来没有物理学家知道实际的物理空间是否能被无穷小地分割。某些理论假设空间和时间的一个“最小度量”，关于普朗克时间——一个度量的基本单位的存在。在铉理论里，有一个关于最小元素的存在性的假设，这最小元素是不能再细分的一个细微的铉。但物理学家没有证明这样的实体的确存在，因而留下了一个尚待解决的问题，即无穷在物理世界里是否有意义的问题。

我们知道数可无穷地延伸，并且康托已经告诉我们，这种无穷按照性质是分等级的：按照无穷的实质内容一个大过另一个。但一个关键问题在这里产生：

数实际存在吗?

数好像不过是人们为便于计算和比较实际的物理量而做的抽象。因而某些人说，那种数形成一种语言，或是人们为讲述现实世界的问题而发明的一种约定俗成。但现在的情形是，因为我们已经发明了它们，我们就应当知道有关数和它们之间的关系的每一事项。但我相信，情况并非如此。在数学里，我们经常要通过艰巨的努力才能发现数的性质（还有函数、空间和数的抽象的性质）——通常我们发现的真理与直觉告诉我们的不同。因而，数不可能是我们的发明。它们是一些客体，我们永远可通过研究它们促使新事物产生。对于数和它们的抽象及相关概念的研究就是数学的全部。

数的确存在，并且我相信数的存在性是独立于人的。在另一个宇宙里，没有人，也没有从我们的宇宙里所熟悉的任何东西，数是依然存在的；并且这些数是无穷的。但这些数是如何稠密地填满的呢?

连续统现实存在吗?

有可能数的确存在，而连续统却不存在吗? 这种想法是克罗内克的论断的反映："上帝创造了整数，其他一切都是人的工作。"连续统存在性问题是经常出现的。没有证据表明物理世界里有什么东西是可以无限细分的。然而，在微积分领域，实质上在使用无限细分和连续统的存在性的假设时，效果惊人的好，对现实世界的问题给我们作出了精确的回答。如果连续统自身不存在，为什么这样一个基于连续统上的方法竟如此有效呢?

ℵ

喀巴拉的一个关键教义是包含 Ein 的 Ein Sof。上帝的无穷大也包含空无一物。比照无穷大，上帝内部什么也没有。在数学里，无穷大也同样包含空无一物。一个无穷集合也包含空集合。这个论断在数学基础的描述中是能理解的。皮亚诺定义的数是从什么都没有开始的。他定义零为空集合——纯粹的空无一物。然后他定义 1 是包含空集的集合；2 是同时包含空集和包含空集的集合的集合；如此等等。皮亚诺就这样从空无一物开始定义了数的完整无穷。

通往理解无穷之路从未能导致我们对它的深刻性质的完全理解——某些性质我们从未能知晓。然而，未来几十年的数学研究将沿此方向给我们一些重要的结果。正如在数学中经常发生的，一次目标为发现一个具体真理的研究却引向另一个地方并教给我们新事物。某一天，也许我们能够发展建立起一个免除悖论和其他困难的对于数学更协调的基础。在这样一个新体系内，连续统假设在新光线照耀下将会被看到，也许将照清阿列夫的性质和连续统的势所隐藏之处。

所以当我们在经不起夏洛克强大光线的照射的情况下，我们能够在较弱光线下沿人类的理解和知识的途径学习前进。

ℵ

乔治·康托相信上述两个问题会同时得到肯定的回答。康托在 1883 年一篇论文里说，数有一个主观和内在的现实性。[43] 康托确信较高层次的无穷大，以及他的阿列夫同样是存在的，连续统也是现实的。按照康托的意见，物理的现实不依赖于数学原理。这样，连续统、数和它们的性质都是物理现实不同面貌的反映，康托还补充说，所有这些并不需要物理世界来判断它的存在性。数学和无穷大——超限数——的无穷层次，都有它们自己的意义。

ℵ

在哈雷的历史中心外很近的地方有一片很大的苏维埃时代建起的居民住宅区。那里，在若干每座都包括上百个公寓的大厦间有一小块三角形草地，这是当地居民散步和休息之处。在它的中间，1970年在水泥基座上竖起一个纪念铜匾。从远处看，这个匾好像是纪念列宁的，但这个铜匾是慰藉康托的。紧挨他面孔的是一个数指向另一个数的箭头，连接着一串数，象征着对角线证明，下面是一个和连续统假设有关的数学方程。所有符号之下是一个也许表达了康托对数学的最深刻信心的句子："数学的实质是在它的自由中。"

附　录

集合论的公理系统

下述集合论的公理系统是数学中广泛应用的一个。它们被打造组成为一个在其上建筑起数学基础的基本结构。该公理系统是在20世纪初由恩斯特·策梅罗和其他逻辑学家设计完成的。在搜寻摸索多年之后，数学家们发现了由假设组成的一个极小集合，它导致包括自然数、实数、复数和它们的性质以及算术这些知识的一个相容体。在此基础上随之产生其他的数学领域如几何、拓扑、代数等，从而往上形成整个数学的大厦。这个公理系统很大程度上是受到了乔治·康托工作的推动，他在创立集合论时已隐含假定了这些公理当中的一些。

1. 存在公理

至少存在一个集合。

这个公理中的一个集合可取作空集合。其他的集合可由它构造。它们之一是包含空集合的集合，依此类推。

2. 外延公理

两个集合当且仅当它们有相同的元素时相等。

3. 正则公理

对于任一非空集合 x，都存在它的一个元素 y，使得 y 的任何元素都不是 x 的元素。换句话说，这条公理肯定任意一个非空集合都存在一个极小元。这条公理的目的在于排除具有 x 属于 x 这种性质的（奇异）集合 x。

（特指公理：任一集合 A 和任一条件 $S(x)$ 对应一个集合 B，它的元素恰是 A 中使得 $S(x)$ 成立的那些元素。

这是导致罗素悖论的公理。因为如果我们令条件 $S(x)$ 是：非（x 的元素 x），那么 $B=\{A$ 中使 x 不在 x 里的元素$\}$。B 是 B 的一个成员吗？如果它是，那么它不应该是；如果它不是，那么它是。因而 B 不能在 A 内，这意味着没有包含任何事物。）

4. 无序对集合公理

任给两个集合，存在第三个集合，它仅有的元素就是给定的两个集合。

5. 并集合公理

任给一族集合，存在另一个集合，它的所有元素是该集合族中至少一个的元素。

6. 幂集合公理

任给一个集合，存在一个由该集合的所有子集合组成的集合。

康托已经证明，幂集合总是大于原集合自身。这导致悖论似的结论，即不存在最大的集合或最大的基数。因为不管你取哪个集合为“最大的”集合，总存在此集合的幂集合，它是较大的集合——

也引向一个较大的基数，它大于你指派为最大的原集合的基数。

7. 无穷公理

存在一个集合，它包含 0 和它的每一个元素的后继者。

这个公理帮助定义了自然数。我们以 0 开始，加 1 得到第一个自然数 1，然后加 1 得到 2，依此类推直至无穷。

8. 选择公理

对任意一个集合 A 存在一个选择函数 f，使得对 A 的任意一个非空子集合 B，$f(B)$ 是 B 的一个成员。

这选择函数从每一集合 B 中指定（选定）一个成员。选择公理的问题在于 A 内可能存在无穷多个集合 B。

后　记

我头脑里开始萌发要写这本书的想法是在25年前的一个夜晚，那时我正在与我的朋友川特（Bob Trent）交谈，他是加利福尼亚大学柏克莱分校的毕业生。我们两人喝了好几杯咖啡都很疲累时，川特说道："瞧，我要向你显示某些东西"，并接着写下一个用符号组成的序列：1，2，3，……，$\omega+1$，$\omega+2$，……，2ω，……ω^2，……ω^ω，……这促使我产生如后的想法，自然数能不断地超越无穷大，并且我们能现实地谈论关于无穷大的不同层次，越来越大，没有终点。我被川特向我解释的有关最大无穷大和包含所有集合的集合的不可能性的悖论所迷惑。我知道，这是数学的中心。

然后我知道了第一个提出实无穷概念和连续统假设的那个人的苦难人生。我所知道的乔治·康托的一生的故事深深震撼了我。几年以后，当我把这故事告诉我的出版界朋友奥克斯（John Oakes）时，他建议我写一本有关他的书。我非常感谢奥克斯持续超过5年鼓励我追踪此故事，正是他这些年的耐心和坚定的支持使我得以研究和写完这本书。

我要感谢勃兰德斯（Brandeis）大学数学系主任鲁博曼（Daniel Ruberman）教授，在我写本书的时候，安排我作为访问学者在他们系度过了一年。我也要感谢勃兰德斯大学和本特莱学院的图书馆员们，他们帮助我查阅了很多不易找到的，有关康托的工作和无穷概念的文件、文章和书籍。

我希望对以下各位教授表示我深深的谢意，在我为写本书请求会见时，他们都不吝时间和精力与我交谈。他们包括波士顿大学的卡那莫里（Akihiro Kanamori）教授、宾夕法尼亚州立大学的达沃逊（John Dawson）教授以及耶路撒冷希伯来大学的塞拉赫（Saharon Shelah）教授。

我还要感谢德国哈雷的马丁-路德大学的戈贝儿（Manfred Goebel）和理士特（Karin Richter）教授，感谢他们在我停留哈雷期间对我的殷勤款待，帮助我找到有关康托的生活资料及他的很多数学论文、照片、文件和网站。我也感谢哈雷大学的康托学会在我停留大学期间的殷勤款待。

我感谢哈雷医院院长和精神病医疗专家费尔曼（Frank Pillmann）博士，他让我共享了他关于康托病情的思考，并让我参观了医院的诊疗所，以及康托20世纪头几年住院治疗的地方。我也要感谢费尔曼博士向我展示了描述该医院和它的历史的多种文件，以及康托的病历。

我要向数学家宾斯基（Eugene Pinsky）博士和卡碧斯班博士致深深的谢意，感谢他们对有关康托数学的各种讨论，我还要向迪抛大学的杜德列（Underwood Dudley）教授和美国数学学会的出版主任阿伯斯（Don Albers）教授深表谢意，他们对我的全部手稿给了很多评论。他们的评论使我这本书得到提高。我也要感谢精神病医疗专家宾斯基（Venyamin Pinsky）博士和心理学家哥尔登伯格（Idell Goldenberg）博士，感谢他们对精神疾病的讨论。

最后，我要感谢我的妻子德布拉（Debla），感谢她在我准备手稿的整个过程中所给予的帮助、支持和鼓励。

注　释

1. 参见波耶尔（Carl Boyer），数学史，纽约：Wiley，1968，58 页。

2. 假定存在两个整数 a 和 b，它们的比等于 2 的平方根。那么 $a^2=2b^2$。不失一般性，设这两个整数是最低项（它们没有公共因子，若有的话可被约去）。如果 a 是奇数，而因为 $2b^2$ 是偶数，所以立即得到矛盾。如果 a 是偶数，则它等于某个数 c 的 2 倍，$2c$。所以我们有 $a^2=(2c)^2=4c^2$，按假定又必须等于 $2b^2$，从而 b 是偶数并且 a 和 b 有公因子 2，这就再次与假设矛盾。

3. 有一个精妙的技巧用以证明每一循环无穷小数——不论开始循环前的部分有多长——是有理数。我们将用一个例子说明。设有一数 0.123 123 123……，令它为 X。现在，$1\,000X=123.123\,123\,123$；于是 $1\,000X-X=123.000$（得到循环节）。这样：$999X=123$，因而 $X=123/999$，这是两个整数的比，因此是一个有理数。

4. 参见佐哈尔：文明进步的书，D.C.Matt，Mahwan，N.J. 翻译：Paulist 出版社，1983，33 页。

5. Ibid，49 页。

6. 参见鲁克（R.Rucker），无穷和灵魂，普林斯顿大学出版社，1995，189—219 页。

7. Tan x 表示 x 的三角正切函数，对于直角三角形的锐角 x，它是角的对边和相邻边的比。

8. 这样的断言甚至在谈有关康托一生的其他很多人中，已经存在争论。英国数学史家伊弗（Ivor Grattan-guinness）在他的文章中要求，应肯定康托不是犹太人“接近于康托的传记”。科学年刊，27卷，4期，1971。

9. 参见贝尔（E.T.Bell）数学人，纽约：Simon & Schuster，1937。

10. 在道本（Dauben）重印，op.cit.，275—6 页。

11. 道本，op.cit.，277 页。

12. 哈默斯，朴素集合论。纽约：D.Van Nostrand，1960，277 页。

13. 在康托的证明里，每一个数字的改变方式，和对它加 1 略有不同，但原理相同。对于有数学头脑的读者来说，这是另一个证明实直线上的数是不可数的方法。为简化起见，我们只取 0 到 1 间的区间。假设存在一种方式可把 0 到 1 区间上的所有数枚举出来。并假设枚举为：a_1，a_2，a_3，……依此类推（一个无穷序列）。现在把 0 到 1 区间等分为 3 个小区间：一个是从 0 到 1/3 的闭区间；另一个是从 1/3 到 2/3 的闭区间，以及从 2/3 到 1 的闭区间。从这些闭区间中选一个不包含序列中的第一个数的区间。设这个是 0 到 1/3 的闭区间。再把此区间等分为 3 个更小区间，0 到 1/9，1/9 到 2/9，2/9 到 1，从中再选一个不包含序列中的第二个数的区间。按此继续进行直至无穷。现在，要用一个数学性质，任意一个无穷退缩闭区间套必交一点。假设这个点是 c。我们知道，由闭区间套的结构，这个数不是序列 a_1，a_2，a_3，……中的任意一个数。

14. 在道本重印（1979 年，54 页）。

15. 勒贝格（Henri Lebesgue，1875—1941）是一位因发展测度论而著名的法国数学家。

16. 道本，1 页。

17. 哈勒特，米凯尔。康托的集合论和范围的限制。纽约：剑桥大学出版社，1984，13 页。

18. 康托给米塔·莱夫勒的信，1883 年 12 月 30 日，在道本重印（1979，134 页）。

19. 威尔斯（David Wells），奇怪和有趣的数的 Penguin 字典，伦敦，英国：Penguin，1987，205 页。

20. 圣·奥古斯丁，上帝之城，纽约：Penguin，1987，496—497 页。

21. 不连续函数的集合是更高级别的无穷大。一本通俗的数学书描述这个无穷大为："在邮票背面你能画出的所有曲线。"这个陈述不正确，不是因为邮票的尺寸小（我们已经知道尺寸并不影响无穷），而是因为完整曲线——在邮票上连续的画——不能作出。连续函数有实数无穷大的级别。不连续函数是更高级别的。

22. 这些数，包括有限数和超限数，叫做序数。随后我们将讨论更有趣的无限（和有限）数叫做基数，比较起来它是康托工作和现代数学中最重要的元素。

23. 伊弗（Ivor Grattan-guinness），"接近于康托的一部传记，"科学年刊，27，No.4，1971，351 页。这些话在论文里不是用斜体字印刷的。

24. 卡拉德（Nathalie Charraud），*infini et inconscient*：乔治·康托（Essai sur Georg Cantor），巴黎：Anthopos，1994，176 页。

25. 萧夫列（A.Schoenflies），*Entwickelung der Mengenlehre*，莱布斯格：B.G.Teubner，1913。

26. 伊弗（Ivor Grattan-guinness），"接近于康托的一部传记，"科学年刊，27，1971，372 页。

27. 罗素自传，伦敦，1967—1969（由 Bantam 在美国出版，1968），vol.I，217 页；康托的信被复制在 218—220 页。

28. 道本（1990），239 页。

29. 这个悖论和其他在 Patrick Suppes 里讨论的悖论，公理化集合论，纽约：Van Nostrand，1965，9 页。

30. 摘自 Willard V.O.Qunne，集合论和它的逻辑，剑桥，MA：哈佛大学出版社，1963，254 页。

31. 在 Patrick Suppes 里重印。公理化集合论。纽约：Van Nostrand，1960。

32. 有关哥德尔的生活和工作的细节来自戴松（John W.Dawson）的《逻辑的两端：哥德尔的生活和工作》。王浩的《一个逻辑的旅程：从哥德尔到哲学》，剑桥，MA：M.I. 出版社，1996；以及番弗曼（S.Feferman）等的《哥德尔著作集》，卷Ⅰ-Ⅲ，纽约：牛津大学出版社，1990。

33. 戴松，1997，16 页。

34. 引证自道本，1990，290 页。

35. 如果 $F(x+y)=F(x)+F(y)$，一个函数 $F(x)$ 是线性的以及是齐次的如果 $F(ax)=aF(x)$。

36. 实际上哥德尔证明了一组定理；为了简化，这里只描述了一个。

37. 米凯尔（Hallett，Michael），康托的集合论及其范围。纽约：牛津大学出版社，1984，7—11 页。

38. 应该指出的是，工作在数学基础领域里遭受精神疾病——压抑和妄想的复合——折磨的数学家不只是康托和哥德尔。公理系统的创立者和选择公理之父的策梅罗，也至少经历过一次精神崩溃。数学家爱米尔·波斯特，曾预料到哥德尔关于无穷的某些结果，但没有给出证明，他也遭受了同样的疾病。思考出现这一令人惊讶的异常情形的原因将是有趣的。

39. 犯此种错误的不只是纳粹。在罗素的自传中，他把哥德尔描写成一个维也纳犹太人——是这位英国哲学家在他的书里所犯的不少错误中的一个。

40. 戴松,《逻辑的两端：哥德尔的生活和工作》，1997，109页。

41. 在戴松引证的著作里。

42. 在多本引证的著作里，269—70页。

43. 参见1883年康托登在米凯尔的数学年报上的一篇论文的翻译,《康托的集合论及其范围》，纽约：牛津大学出版社，1984，17页。

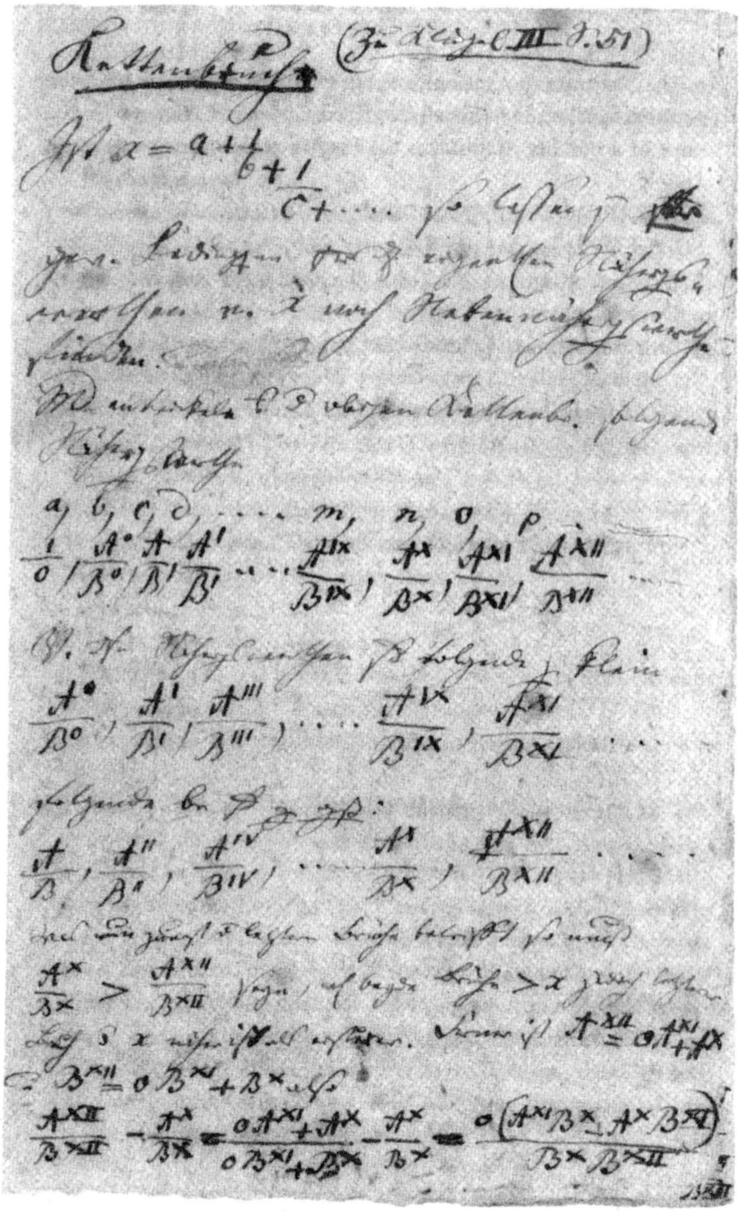

康托笔记中导向实无穷的两页纸

Befreundete Zahlen

Beweis d. Cartesischen Formel

Statt 2A kann man, da A eine Potenz v. 2 ist, setzen 2^{m+1} so ist $2AR = 2^{m+1}R$

$$2APQ = 2^{m+1}PQ.$$

1) Die Teilersumme v. $2AR$ [illegible] 2^{m+1} [illegible] [illegible] als 2, [illegible] R [illegible] [illegible] 2AR [illegible] [illegible] als 2 [illegible] [illegible]

1	1
1	2
1	2^2
1	2^3
⋮	⋮
1	2^{m+1}
R	1
R	2
R	2^2
⋮	⋮
R	2^{m+1}

Die Summe der Teiler ist [illegible]

$$1+2+2^2\dots 2^{m+1} + R(1+2+2^2\dots 2^m)$$
$$= 2^{m+2}-1+R(2^{m+1}-1)$$
$$= 2^{m+2}-1+(18A^2-1)(2^{m+1}-1)$$
$$= 2^{m+2}-1+(18\cdot 2^{2m}-1)(2^{m+1}-1)$$
$$= 2^{m+2}-1+18\cdot 2^{3m+1}-18\cdot 2^{2m}-2^{m+1}+1$$
$$= 2^{m+2}+18\cdot 2^{3m+1}-18\cdot 2^{2m}-2^{m+1}$$
$$= 2^{m+1}(2+18\cdot 2^{2m}-9\cdot 2^m-1)$$
$$= 2^{m+1}(1+18\cdot 2^{2m}-9\cdot 2^m)$$
$$= 2^{m+1}(1+18A^2-9A) = 2^{m+1}(3A-1)(6A-1)$$
$$= 2A\cdot P\cdot Q$$

[illegible]

also ist d. Summe d. Teiler v. $2AR = 2A\cdot P\cdot Q$. Ebenso ist